実用理工学入門講座

# 統計ソフトRによる多次元データ処理入門

―― 仮説検定・分散分析・主成分分析 ――

村 上　　純　(第1, 2, 3, 4章)
日 野 満 司　　(第3章)
山 本 直 樹　　(第4章)　共著
石 田 明 男　　(第2, 4章)

日 新 出 版

# まえがき

　2015年度の総務省の『情報通信白書』によると，2014年のデータ流通量は，企業が電子的に受け取るデータについての統計で，約14.5エクサバイト（$10^{18}$バイト，EBと表記する）になるとされており，その伸び率は2005年からの9年間で約9.3倍とある．今後はさらに，IoT（モノのインターネット，Internet of Things）により様々な機器からのデータ収集が増加すると考えられ，ビッグデータ解析は科学技術や産業の発展，ひいては私たちの生活に大変重要な役割を果たすであろうことは間違いない．近年，これからの時代において求められる能力の1つとして情報活用能力が挙げられており，そのためには情報の分析や，プログラミング的思考などが必要と指摘されている（教育再生会議，第七次提言，2015年5月14日）．

　筆者らは，このような背景において，統計解析を基本とするデータ活用の必要性に鑑み，多くの学生あるいは社会人にそれらを学んでいただけるようなわかりやすい入門書として，本年『統計ソフトRによるデータ活用入門—統計解析の基礎から応用まで—』（日新出版）を刊行し，これを用いて学生や社会人の教育に当たっている．本書はその続編で，仮説検定のうち紙幅の都合により前書では取り上げられなかった手法や，分散分析，主成分分析について述べたものである．しかし，前書の単なる補足や延長，あるいは応用とはならないよう，タイトルにある"多次元データ処理"をキーワードとして，2次元や3次元のデータ処理の基礎が理解できるように構成し，詳述した類書の少ない本である．ビッグデータは必然的に多次元データになると考えられるが，読者が本書により多次元データ処理の基礎を学んで，その考え方や，実際に用いられている代表的な手法の原理や使い方を習得し，実際のビッグデータ処理の分野において

活用・応用できるようになることが，われわれが本書を執筆した目的である．

　本書では，式の導出や証明などの数学的な記述は必要最小限にとどめ，基本的な原理と具体的な計算手法，および統計ソフトRによる実装と実行方法を主として述べる．ただし，Rの使い方や統計の基礎については前書に記してあるので，本書の前にそちらをご覧いただきたい．同書にも記したように，Rはフリーソフトで，統計処理を行う際に非常に便利なツールである．この目的で一般的に用いられている表計算ソフトではできないような，高機能な描画や計算が，簡単な命令から高度なプログラミングまでにより実現できるので，ぜひ一度Rに触れて使用してみていただきたいと思っている．政府による"提言"の実施をまつまでもなく，統計とプログラミングの知識は誰もが学び，身に付けておくべき必須な素養であると多くの人が認識し，本書および前書を手に取って，それらを学んでいただければ幸いである．

　上述のように，本書の内容は前書に続くものであるため，本書を大学や高専などの授業の教科書として用いる際は，前書を併せて使用されることが望ましい．その場合は，前書でRの入門と統計の基礎を終えた後に，多次元データ処理への応用として本書の内容の一部あるいは全部を，時間数に合わせて適宜利用いただける．本書だけを用いて講義を行う場合は，Rおよび統計の基礎については別途学習を終えた後か，または必要に応じて未学習部分の説明を補いながら実施することになる．特に，第4章の高次特異値分解（HOSVD）を取り上げた和書はほとんど見当たらないので，本書をこの強力な分解手法（多次元の理論はやや難解である）の入門として活用すれば，Rによる実際の計算を通じて学ぶことができる．本書は講義での利用だけでなく，個人で学ぶ際の独習書としても使用できることはもちろんであり，Web上に豊富に存在する情報なども参照しながら，多次元データ処理の基礎を学ぶことが可能である．その際に便利なように，参考文献も丁寧に示している．

　統計家の西内啓氏は，データ分析によるエビデンスの重要性を述べた後，「全

## まえがき

ての人が統計学のリテラシーを身につけることで，自らの人生をパワフルにコントロールできるようになること」が願いであると書いておられる（「統計学は『机上の空論』を駆逐する」，『中央公論』, 2014 年 9 月号, pp.190-198）．われわれも，統計学が多くの人のリテラシーとなって，それぞれの人生をよりよくするために役立てられることと，そのツールとして R 言語が普及することを願い，今後も微力ながら努めていきたいと考えている．

最後になったが，今回も日新出版株式会社の小川浩志社長に大変お世話になった．心より感謝申し上げる．

2016 年 12 月
震災からの復興の進む地にて，筆者ら記す

# 目　　次

第1章　多次元データとは ........................................................... 1

第2章　仮説検定 ..................................................................... 7
　2・1　2群検定（対応のある場合） ................................................ 7
　　2・1・1　平均値の差の検定 ..................................................... 8
　　2・1・2　符号検定 ............................................................. 14
　　2・1・3　ウィルコクソンの符号順位検定 ........................................ 23
　2・2　2群検定（対応のない場合） ................................................ 37
　　2・2・1　マン・ホイットニーの$U$検定 ......................................... 37
　　2・2・2　ブルンナー・ムンツェル検定 .......................................... 46
　2・3　多群検定 .................................................................. 51
　　2・3・1　クラスカル・ウォリス検定 ............................................ 51
　　2・3・2　フリードマン検定 .................................................... 60
　　2・3・3　多重比較 ............................................................ 68
　2・4　検定結果の評価 ............................................................ 80
　　2・4・1　効果量 .............................................................. 80
　　2・4・2　検定力と検定力分析 .................................................. 85

第3章　分散分析 ................................................................... 89
　3・1　一元配置分散分析 .......................................................... 89
　　3・1・1　対応がない場合 ...................................................... 90
　　3・1・2　対応がある場合 ...................................................... 97
　3・2　二元配置分散分析 ......................................................... 102
　　3・2・1　繰り返しのない場合 ................................................. 102
　　3・2・2　繰り返しのある場合（対応なし） ..................................... 104
　　3・2・3　繰り返しのある場合（1要因対応あり） ............................... 117
　　3・2・4　繰り返しのある場合（2要因対応あり） ............................... 124
　3・3　三元配置分散分析 ......................................................... 129
　　3・3・1　繰り返しのない場合 ................................................. 131
　　3・3・2　繰り返しのある場合 ................................................. 138
　3・4　多重比較 ................................................................. 149
　　3・4・1　一元配置分散分析の場合 ............................................. 149
　　3・4・2　二元配置分散分析の場合 ............................................. 154
　　3・4・3　三元配置分散分析の場合 ............................................. 164

## 第4章　主成分分析 .................................................... 182
### 4・1　固有値分解と特異値分解 ........................................ 182
#### 4・1・1　固有値，固有ベクトルと固有値分解 ......................... 182
#### 4・1・2　特異値，特異ベクトルと特異値分解 ......................... 190
### 4・2　主成分分析 .................................................... 196
#### 4・2・1　主成分と寄与率の計算 ..................................... 197
#### 4・2・2　主成分得点の計算 ......................................... 201
#### 4・2・3　標準化されたデータのPCA .................................. 205
#### 4・2・4　特異値分解（SVD）を用いたPCA ............................. 210
#### 4・2・5　PCAの適用例 .............................................. 212
#### 4・2・6　Rの関数によるPCA ......................................... 217
### 4・3　高次特異値分解 ................................................ 219
#### 4・3・1　パッケージrTensorのインストール .......................... 219
#### 4・3・2　テンソルの表記と生成 ..................................... 221
#### 4・3・3　テンソルの行列展開 ....................................... 223
#### 4・3・4　$n$－モード積 ........................................... 227
#### 4・3・5　高次特異値分解（HOSVD）とその計算 ........................ 230
### 4・4　多次元主成分分析 .............................................. 234
#### 4・4・1　主成分と寄与率の計算 ..................................... 235
#### 4・4・2　主成分得点の計算 ......................................... 237
#### 4・4・3　MPCAの適用例 ............................................. 239

## 参考文献 ............................................................ 245
## 索　引 .............................................................. 255

# 第1章 多次元データとは

本章では，本書のタイトルにある"多次元データ"という言葉で表されるデータについて，その概念を説明する．データ分析や信号処理などの分野においては"次元"の捉え方が数学での用法と異なる場合もあり，それらの慣用的な使い方と，本書における意味とを述べるが，根拠となる文献も挙げているので，関連の文献を当たる際の参考にしていただきたい．

たとえば，ある学校のあるクラスの10人について，科目Aの試験をしたときの点数が表1・1・1のようであったとする．この表のように，同じ種類（ここでは科目Aの点数）のデータを1列に並べて，つまり1つのベクトル変数の値として表示することのできるものを1変量のデータという．表1・1・1に科目Bの点数も付け加えたのが表1・1・2である．この表には，科目Aと科目Bの2つの変量があるから，2変量のデータとなる．

表1・1・1　あるクラスの科目Aの点数

| 科目A | 95 | 80 | 98 | 42 | 100 |
|---|---|---|---|---|---|
| | 79 | 77 | 67 | 86 | 71 |

表1・1・2　あるクラスの科目Aと科目Bの点数

| 科目A | 95 | 80 | 98 | 42 | 100 |
|---|---|---|---|---|---|
| | 79 | 77 | 67 | 86 | 71 |
| 科目B | 92 | 79 | 82 | 75 | 86 |
| | 77 | 59 | 87 | 95 | 74 |

ここで，R言語※でこれらの点数の値を（ベクトル）変数$A$, $B$に代入してみると，

> A ← c ( 95, 80, 98, 42, 100, 79, 77, 67, 86, 71 )

---

※ R言語は1990年代後半にニュージーランドのオークランド大学のロバート・ジェントルマンとロス・イハカによって作成された統計解析用のオープンソースのフリーソフトウェアである．詳細は前著第3・1節参照のこと．ビッグデータ処理にも利用できる[1]ほか，統計教育用のプログラム言語としても注目されている[2]．

> B ← c ( 92, 79, 82, 75, 86, 77, 59, 87, 95, 74 )

となり，それぞれの科目のデータは変数を$A[k]$，$B[k]$として参照することができる．ただし，$k = 1$〜10である．Rでは代入の記号は<-（半角の小なり記号と半角のマイナス記号）であるが，前著同様に，本書でも見やすさを考慮して←と表しているので注意していただきたい．

これらのデータは一般に（1次元）**配列**と呼ばれる．これらのデータを，

> plot( A,B,pch=21,bg="green",cex=3,xlab="科目 A",ylab="科目 B" )

> text ( A, B )

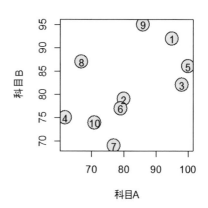

図 1・1・1　科目 A と科目 B の散布図

としてグラフにしたのが図 1・1・1である．ここでは，横軸に科目 A，縦軸には科目 B が取られ，各学生の 2 科目の点数は，それぞれの軸上における位置の交点のマークで表される．このグラフからも，2 変量のデータが 2 次元平面内に表示することができるデータであることがわかる．

この図のようなデータの捉え方をすれば，変量の数だけ軸が取られることになり，$n$ 変量のデータでは $n$ 次元空間内の座標値に各データはプロットされる．このように，変量の数を次元とする考え方がある．信号処理や画像処理などの分野ではこのような次元を用いて，2 次元以上のデータを multidimensional data と呼んでおり[3]，その訳語として**多次元データ**が使われる[4]．

一方，これとは別の次元の捉え方がある．前述の変数 $A$ と $B$ を

> C ← cbind ( A, B )

として結合し，変数 $C$ に代入する．あるいは，

> C ← matrix ( cbind (A, B), nrow = 10, ncol = 2 )

として行列型にしてもよい（第4・1・1項参照）．これらのデータは変量を列に持つ行列であるから，列数は変量の数となり，$k$番目の科目の点数は$C[j,k]$として参照できる．ただし，$k=1\sim2, j=1\sim10$である．このようなデータをプログラム言語では2次元配列という．同様の例として，ある中学校の生徒5名の主要5教科の試験の点数を表にしたのが表1・1・3である．この点数データは縦軸の生徒および横軸の教科という2つの項目によって識別される2次元の表となっており，2次元の配列として表現できる．したがって，教科数がいくつになっても2次元データと捉える考え方である．

表1・1・3　ある中学校の生徒の主要5教科の点数

| 生徒＼教科 | 国語 | 数学 | 理科 | 社会 | 英語 |
|---|---|---|---|---|---|
| A | 84 | 82 | 75 | 95 | 72 |
| B | 76 | 79 | 87 | 91 | 73 |
| C | 89 | 92 | 93 | 83 | 84 |
| D | 94 | 90 | 88 | 98 | 97 |
| E | 71 | 85 | 77 | 80 | 78 |

図1・1・2は表1・1・3のデータを2次元データとして扱った場合の縦軸と横軸を，それぞれ生徒の方向，教科の方向として示したものである．教科は教科の方向に並べられるので，教科数と次元数は無関係となる．

それでは，この場合の3次元データはどのようなものかといえば，2次元データが複数存在するものをいう．たとえば，図1・1・3は図1・1・2の点数デ

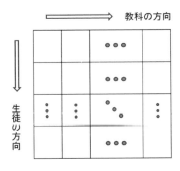

図1・1・2　2次元データの方向

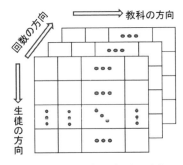

図1・1・3　3次元データの方向

ータが1回の試験のものとして，2回目，3回目を重ねて表したもので，重ねた方向を3次元目（回数の方向）に取る．回数は何度になっても重なるデータの枚数が増えるだけで，次元数は3から変わらない．このような3次元データが，複数存在する場合は4次元データとなり，以下同様である．3次元以上のデータを**多次元データ**と呼び，**多次元配列**として表現することができる．多次元データのことを高次元データと呼び，それを格納する配列を高次元配列と呼ぶこともある．

具体的な例として，表1・1・2の点数を1回目の試験として，2回目の同じ科目の試験の点数を示したのが表1・1・4である．Rを用いて，

表1・1・4　あるクラスの2回目の科目Aと科目Bの点数

| | | | | | |
|---|---|---|---|---|---|
| 科目A | 93 | 90 | 89 | 68 | 81 |
| | 61 | 92 | 79 | 82 | 70 |
| 科目B | 85 | 84 | 91 | 83 | 95 |
| | 60 | 76 | 90 | 97 | 76 |

A1 ← c ( 95, 80, 98, 62, 100, 79, 77, 67, 86, 71 )
B1 ← c ( 92, 79, 82, 75, 86, 77, 69, 87, 95, 74 )
A2 ← c ( 93, 90, 89, 68, 81, 61, 92, 79, 82, 70 )
B2 ← c ( 85, 84, 91, 83, 95, 60, 76, 90, 97, 76 )
C1 ← cbind( A1, B1 )
C2 ← cbind( A2, B2 )
D ← array( cbind( C1, C2 ), dim= c(10, 2, 2) )

として3次元配列の変数Dを出力すると，次のようになる．

```
, , 1

      [,1] [,2]
[1,]   95   92
[2,]   80   79
[3,]   98   82
 ⋮    （途中省略）
```

```
[10,]   71   74
,, 2

        [,1]  [,2]
[1,]    93   85
[2,]    90   84
[3,]    89   91
 ⋮    (途中省略)
[10,]   70   76
```

この 3 次元データの要素を取り出すには，$i$ 番目の学生の $j$ 科目目の $k$ 回目の試験の点数は $D[i,j,k]$ として，3 つの添え字を指定すればよい．4 次元以上の場合も同様に，次元数と同じ個数だけある方向に対応する添え字にそれぞれ値を指定するとよい．

本書において用いる次元とは，上に述べた 2 つの捉え方のうちの後者の意味である．したがって，次元数はデータを並べる方向の数であり，上述の 2 回の試験の点数の例の 3 次元データは 3 方向のデータである．このようなデータを並べる方向に注目した次元の取り方は，英語の文献では $n$-way data や $n$-mode data と表現され[5],[6]，国内では $n$ 相データと呼ばれている[7]．

また，第 3 章で述べる分散分析では分析するデータの要因を方向に取って多次元のデータを構成するが，これを**多元（multi-factor）データ**，あるいは**多元配置（multi-way layout）データ**と呼ぶこともある．第 4 章では多次元データを低次元に分解する手法について述べるが，この際に使用する高次特異値分解（HOSVD）というアルゴリズムでは，多次元配列のことを higher-order tensor と呼んでおり[8]，order は階数と翻訳されることが多いので[9],[10]，**高階テンソル**あるいは高次テンソルや高次元テンソルなどと表現される．ここで，テンソルは多次元配列を表しており，1 階テンソルはベクトル，2 階テンソルは 2 次元配列，2 階以上のテンソルは多次元配列を指す．

ある変量に関するベクトルデータがいくつかある場合，これらのデータの単位として"群"を付けて呼ぶこともあり，第2章の仮説検定において多群検定を取り上げた．多群のデータ（**多群データ**，multi-group data ともいう）は上述の次元の考え方でいえば，変量の方向と群の方向とがあり，2次元データとなる．

# 第2章 仮説検定

　仮説検定とは，ある母数について（母数以外について行われることもある）立てた仮説を，統計的な手法によって正しいか，正しくないか調べる判定法のことである．詳しくは，前著『統計ソフトRによる データ活用入門』の第2・3節を参照していただきたいが，帰無仮説と呼ばれる仮説について，標本（サンプル）から得られた検定統計量の実現値が一定の範囲内にあるかどうかを調べて，仮説の妥当性を判定する．その結果，帰無仮説が正しくないと判定されれば，それは棄却されて対立仮説が採択されることになり，逆の場合には対立仮説は採択されない．

　本章では，まず2群のデータがある場合の検定から始め，次に3群以上の多群データを取り上げる．なお，以降の章においても前著に記した内容については重複を避け，該当する項を示すのみにとどめる（ただし，Rの関数などの必要な部分は引用し，再記載することもある）ので，随時その箇所を参照されたい．

## 2・1　2群検定（対応のある場合）

　2群のデータに関する検定は，前著では第2・3・4項において，2つの正規母集団からそれぞれ抽出した標本の平均値の差の検定についてのみ述べた．そこでは，母分散が既知の場合は$z$検定，未知の場合（等分散の仮定をしている）は$t$検定により検定が行われた．一般的に，母分散が既知であるときに検定を行うことは少ないので，後者の$t$検定がよく用いられる．これらのような2つの標本を対象に検定を行うことを **2群検定**（two-group test）という．

　2群データは，対応のない場合と，対応のある場合の2通りに分けられる．例えば，同学年の2クラスで数学の試験を行ったときのそれぞれのクラスの点

数や，入院患者2名についての1ヵ月分の血圧データなどの2群データは対応のない場合である．対応のある場合は，1クラスの学生に1週間の間隔をおいて2度の試験を行った2回分の点数，あるいは1名の患者の起床時と就寝前の血圧の1ヵ月分のデータなどは，対応のある2群データの例である．つまり，対応のないデータとは異なる対象について得られたデータであり，対応のあるデータとは同じ対象について条件を変えて得られたデータということができる（同じ対象だけでなく，特徴や性質などがほぼ同一のペアについて，それぞれの要素を順に抽出して得られたデータの場合も含まれる）．前者は独立な2つのデータであるが，後者は独立でない一対のデータと考えられる．

前著で取り上げた平均値の差の検定は，対応のない2群データに関するものであった．そこで本節では，まず対応のある2群データを対象とした平均値の差の検定について述べる．

### 2・1・1　平均値の差の検定

対応のある2群のデータを確率変数$X, Y$で表したとき，それぞれの群から大きさ（サイズ）$n$のサンプル$x_i, i = 1\sim n$と$y_i, i = 1\sim n$を抽出したとする．これらのデータは同じ対象について異なった条件下で得られたデータと考えられるから，1対のデータの集まり$(x_i, y_i), i = 1\sim n$と見なすことができる．

確率変数$X$が正規分布$N(\mu_X, \sigma_X^2)$に，$Y$が$N(\mu_Y, \sigma_Y^2)$に従うとすれば，それらの標本平均$\bar{X}, \bar{Y}$は$N(\mu_X, \sigma_X^2/n), N(\mu_Y, \sigma_Y^2/n)$に従う．また，2つの確率変数の差$D = X - Y$は正規分布$N(\mu_X - \mu_Y, \sigma_X^2 + \sigma_Y^2)$に従い，さらに，$D$の標本平均$\bar{D} = \bar{X} - \bar{Y}$は$N(\mu_X - \mu_Y, \sigma_D^2)$に従う．ただし，$\sigma_D^2 = (\sigma_X^2 + \sigma_Y^2)/n$である．このことから，2群のデータの平均に差があるかどうかについて，検定を行うには次のようにするとよい．

まず，帰無仮説$H_0$および対立仮説$H_1$を

$$H_0 : \mu_D(= \mu_X - \mu_Y) = 0$$

## 2・1　2群検定（対応のある場合）

$$H_1 : \mu_D \neq 0$$

とする．この場合の分散$\sigma_D{}^2$は未知であるので，分散が未知の場合の平均値の検定（前著第2・3・2項参照）と同様にして，

$$T = \frac{\sqrt{n}(\bar{D} - \mu_D)}{U_D}$$

が自由度$n-1$の$t$分布に従うことから，これを検定統計量として検定を行う（自由度については前著第2・1・5項参照）．ただし，$U_D$は$D$の標本から求めた不偏分散である．

$T$の実現値$t_0$が計算により得られたら，有意水準（危険率）を$\alpha$として

$$P(T \geq t) = P(T \leq -t) = \frac{\alpha}{2}$$

となる値$t$を$t$分布表やRにより求め，

$$-t < t_0 < t$$

であれば帰無仮説は採択され，対立仮説が棄却される．逆に，$t_0$が棄却域にあり，$t_0 < -t$あるいは$t_0 > t$であれば帰無仮説は棄却される．

Rによる具体的な計算を，表2・1・1の例を用いて述べる．この表はある都市の降水量の値を一昨年と昨年について調べたものである．この都市では昨年の夏は大雨に見舞われたが，年間を通して見た場合に一昨年と比べて降水量は多かったのかどうかについて検定により調べる．

この検定を，標本平均，標本の標準偏差，母分散，標本数，有意水準が与えられたとして，次の関数ttestにより行う（前著第3・5・1項参照）．ただし，ここでは母分散は未知であるから，上述のとおり標本か

表2・1・1　ある都市の降水量の変化　[mm]

| 月 | 1 | 2 | 3 | 4 | 5 | 6 |
|---|---|---|---|---|---|---|
| 昨年($X$) | 41 | 135 | 229 | 143 | 176 | 345 |
| 一昨年($Y$) | 60 | 121 | 148 | 188 | 215 | 392 |
| $D=X-Y$ | -19 | 14 | 81 | -45 | -39 | -47 |

| 月 | 7 | 8 | 9 | 10 | 11 | 12 |
|---|---|---|---|---|---|---|
| 昨年($X$) | 561 | 303 | 182 | 179 | 145 | 41 |
| 一昨年($Y$) | 306 | 157 | 133 | 234 | 130 | 37 |
| $D=X-Y$ | 255 | 146 | 49 | -55 | 15 | 4 |

ら求めた分散の値を用いる.

```
ttest← function(avr, myu , U, n, alfa, side)
# alfa: kikenritsu, avr: hyouhonheikin, myu: boheikin, n: sample size
# U: hyoujunhensa
# side: ( 0: ryougawa, 1: migigawa, 2: hidarigawa )
{
  df←n-1
  t←sqrt(n)*(avr-myu )/U
  cat ( "検定統計量 t\n" )
  print(t)
  if(side==0)alfa←alfa/2
  xr←-qt(alfa,df)
  cat ( "棄却域\n" )
  print(xr)
  cat ( "検定結果\n" )
  if(abs(t)>xr)
     cat ( "     棄却\n" )
  else
     cat ( "     採択\n" )
}
```

この関数を,指定した作業ディレクトリ内に"tkentei.r"のファイル名で保存し,次のように実行する.ただし,有意水準は 0.05 として両側検定を行うものとする.

```
>source("tkentei.r")
>x←c( 41, 135, 229, 143, 176, 345, 561, 303, 182, 179, 145, 41 )
>y←c( 60, 121, 148, 188, 215, 392, 306, 157, 133, 234, 130, 37 )
>d←x-y
```

## 2・1 2群検定（対応のある場合）

>avr←mean(d); U←sd(d); alfa←0.05; n←length(d)
>ttest(avr,0,U,n,alfa,0)

出力結果は，次のようになる．

検定統計量 t

[1] 1.12024

棄却域

[1] 2.200985

検定結果

　採択

したがって，

$$-t(=-2.200985) < t_0(=1.12024) < t(=2.200985)$$

から，帰無仮説は棄却できないため，昨年度の降水量が一昨年度に比べて差があるとはいえない．片側検定の場合は，qt (0.05, df ,lower.tail=F )=-qt (0.05, df )=1.795885 で，この場合も

$$t_0(=1.12024) < t(=1.795885)$$

であるから，同じく帰無仮説は棄却できない．

　自作の関数を用いずに，Rに用意されている関数 t.test を使用して検定を行うと，

> t.test(d)

　　　　One Sample t-test

data:  d

t = 1.1202, df = 11, p-value = 0.2865

alternative hypothesis: true mean is not equal to 0

95 percent confidence interval:

 -28.86195    88.69528

sample estimates:

mean of x
29.91667

となって,累積分布関数の値(二重下線部)は

$$P(T \geq t) = P(T \leq t) = \frac{0.2865}{2} < \frac{\alpha}{2}$$

であるから,自作関数 ttest と同様の結論が得られる.この値は $t$ 値(下線部)から

&gt; 2*(1-pt(1.1202,n-1))　 # 2*pt(1.1202,n-1,lower.tail=F)でもよい

[1] 0.2864906

として求めることができるので,ttest の場合のように $t$ 値を計算して,それが棄却域にあるかどうか調べる方法と,t.test のように $t$ 値から累積分布関数の値を計算して,それが有意水準以下かどうか調べる方法のいずれを用いてもよい.

なお,対応のある 2 群検定の場合,

&gt; t.test ( x,y,paired=T )

として,$x$ と $y$ の差を求めなくても,paired=T の指定を行うだけで t.test(d) としたときと同じ結果が得られる※.

図 2・1・1 は,R により次のようにして,この場合の棄却域と $t$ 値を $t$ 分布のグラフ上に重ねて表示したものである(前著第 3・5・1 項および第 3・5・3 項参照,前著にはこのほかにも,標準正規分布,$F$ 分布,$\chi^2$ 分布のグラフも R により作成しているので適宜参照されたい).

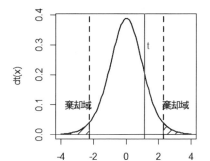

図 2・1・1　t 分布と検定統計量

---

※ 前著で述べた対応のない 2 群検定でも,同様に t.test( x,y,paired=F ) として用いることができる.

## 2・1　2群検定（対応のある場合）

```
> df ← n-1
> x1 ← qt ( alfa/2 , df )
> x2 ← qt(1-alfa/2,df)
> t ← 1.12024
> curve ( dt (x , df ) , from =-4 , to = 4 , main ="棄却域と検定統計量 t " ,      ylab = "dt(x)" , lwd = 2 )
> abline ( v = x1 , lty = 2 , lwd = 2 )
> abline ( v = x2 , lty = 2 , lwd = 2 )
> abline ( v = t , lwd = 2 , col = "red" )
> abline ( h = 0 )
> text ( 3 , 0.1 , "棄却域" )
> text ( -3 , 0.1 , "棄却域" )
> text ( t+0.2 , 0.3 , "t" , col = "red" )
> p1 ← seq( x1,-4,length=10); p2 ← seq( 4,x2,length=10)
> polygon( c(-4,x1,p1),c(0,0,dt(p1,df)),density=10)
> polygon( c(x2,4,p2),c(0,0, dt(p2,df)),density=10)
```

ただし，$n$と$alfa$にはそれぞれ標本サイズと有意水準が与えられているものとする．関数 polygon（前著第3・5・3項参照）内のパラメータ density は斜線の本数を表している．

【問2・1・1】　表2・1・2は震災のあった九州地方での，震災前と震災後の各年度における1ヵ月間（6月）の外国人観光客数の変化を表したものである

表2・1・2　九州地方の外国人宿泊者数の変化（単位：千人）

|  | 韓国 | 中国 | 香港 | 台湾 | シンガポール | タイ | インド |
|---|---|---|---|---|---|---|---|
| 震災後(H28.6) | 87.5 | 46.4 | 42.3 | 78.3 | 5.5 | 7.5 | 4.1 |
| 震災前(H27.6) | 108.4 | 55.7 | 47.2 | 106.9 | 7.4 | 13.7 | 0.8 |

（国土交通省観光庁統計情報白書から，宿泊旅行統計調査をもとに作成）

⑴. これら2つの群のデータから，震災前と後では宿泊者数に変化があったといえるかどうか検定せよ．ただし，取り上げた国は日本への観光客数の多いアジアの国とし，九州運輸局管内の従業員数10人以上の施設を対象としている．

[略解] 帰無仮説と対立仮説は表2・1・1の場合と同様とする．変数$x$に震災後の，$y$に震災前の人数を代入した後，次のようにする．

> d ← x-y

> t.test(d)

   One Sample t-test

data:  d

t = -2.319, df = 6, <u>p-value = 0.05953</u>

alternative hypothesis: true mean is not equal to 0

95 percent confidence interval:

 -20.1112389  0.5398104

sample estimates:

mean of x

-9.785714

この結果（下線部）より，有意水準$\alpha = 0.05$では帰無仮説は棄却されず，震災の前後では宿泊客数に変化があったとはいえない．

### 2・1・2　符号検定

　前項で取り上げた平均値の差の検定は，母集団のデータが何らかの分布（前項では$t$分布）に従うことを前提としたものであり，その上で母数（パラメータ）に対して検定を行う手法であった．この意味で，**パラメトリックな手法**（parametric statistical method）と呼ばれる．これに対し，母集団が特定の分布に従うものでない場合や，質的データ（前著1・1・4項参照）のように数値の差や比が意味を持たないものについては，母数によらない**ノンパラメトリック**

な手法(nonparametric statistical method)を用いる．本項では，2群データに対するノンパラメトリックな手法の1つである符号検定を取り上げる．なお，本章では本項以外でも多数の検定手法を取り上げるので，ここでその一覧表を載せておく（表2・1・3）．

表2・1・3　第2章で取り上げる手法の一覧

| 群数 | 対応関係 | パラメトリック | ノンパラメトリック | 多重検定 |
|---|---|---|---|---|
| 2群 | 対応あり | 平均値の差の検定<br>（$t$検定） | 符号検定，（二項検定）<br>ウィルコクソンの符号順位検定 | ― |
| | 対応なし | 平均値の差の検定※<br>（分散既知：$z$検定）<br>（分散未知：$t$検定）<br>※前著第2・3・4項参照 | マン・ホイットニーの$U$検定<br>（ウィルコクソンの順位和検定）<br>ブルンナー・ムンツェル検定<br>（等分散の仮定なし） | ― |
| 多群<br>(3群<br>以上) | 対応なし | 第3章参照 | クラスカル・ウォリス検定 | ボンフェローニ法<br>ホルム法<br>ネメニ法<br>（テューキー・<br>クレーマー法） |
| | 対応あり | 第3章参照 | フリードマン検定<br>（ケンドールの一致係数） | |

## （1）二項検定と符号検定

ある連続分布（特定の分布を仮定しない）に従う母集団から大きさ$n$の標本$X_1, X_2, \cdots, X_n$を抽出したとする．このとき，母集団の中央値$m$が指定した値$m_0$と等しいかどうかに関する仮説

$$H_0 : m = m_0, \quad H_1 : m \neq m_0$$

を立てて，次のようにして検定を行う．

各標本値について，$m_0$よりも大きいものと小さいものの個数を調べ，それぞれを$K^+, K^-$とする．帰無仮説$H_0$が正しいとすれば，データの中で中央値$m$より大きいものの個数の割合は$p-1/2$となるはずであるから，$K^+$は二項分布（前著1・2・3項参照）$B(n, 1/2)$に従う確率変数であることがわかる（$K^-$についても同様）．二項分布の確率密度関数

$$f(x) = {}_nC_x p^x (1-p)^{n-x} = {}_nC_x \left(\frac{1}{2}\right)^n$$

を用いて$P(X \leq x)$となる累積確率を求めると，

$$P(X \leq x) = \sum_{X \leq x} f(x) = \sum_{X \leq x} {}_nC_X \left(\frac{1}{2}\right)^n$$

となるので，この式から確率を求めて検定を行うことができる．

【例2・1・1】 表2・1・4は，ある学年の数学で不合格となった学生6人に対し，再試験を行った結果である．試験結果は，80点以上と50点未満の2極化の傾向が見られ，しかも1名を除いて後者が多数となった．このことから，中央値は60点より低いと考えてよいかどうか検定せよ．

表2・1・4 数学の再試験の点数

| 学生番号 | 1 | 2 | 3 | 4 | 5 | 6 |
|---|---|---|---|---|---|---|
| 点数($X$) | 45 | 21 | 38 | 88 | 49 | 33 |
| $D=X-60$ | -15 | -39 | -22 | 28 | -11 | -27 |
| $D$の符号 | − | − | − | + | − | − |

[解] このデータについて，正規分布に従うと仮定せず，中央値が60点より低いかどうかに関して，次の仮説を立てて検定を行う．

$$\boxed{H_0 : m = 60,\ H_1 : m < 60}$$

表から，$K^+ = 1$，$K^- = 5$であるから，$K^+$が1個になる確率は

$$P(X \leq 1) = \sum_{X \leq 1} {}_6C_X \left(\frac{1}{2}\right)^6 = \left(\frac{1}{2}\right)^6 \{{}_6C_0 + {}_6C_1\} = \left(\frac{1}{2}\right)^6 (1+6) = 0.109375$$

となって，

$$P(X \leq 1) = 0.109375 > \alpha = 0.05$$

であるから帰無仮説$H_0$を棄却できない．したがって，中央値は60点より低いとはいえない．

ここでは，中央値より大きいデータの個数と，小さいデータの個数の割合が等しくなることから二項分布$B(n, 1/2)$の累積確率により検定を行った．一般に

$B(n,p)$ を用いて行う検定を**二項検定**（binomial test）と呼び，特に上述のように中央値とデータとの差の符号の個数を等しいと置いて $p = 1/2$ とした場合は**符号検定**（sign test）と呼ばれる．しかし，実際の検定で二項分布の確率密度関数の値を計算することはまれで，標本数 $n$ が小さい場合に限られ，$n$ が十分大きければ（10 程度以上※）正規分布で近似するのが一般的である．

以下に R による上述の $P(X \leq K^+)$ の計算例を示す．

```
>x←c(45,21,38,88,49,33)
>m0←60
>kp←sum((x-m0)>0)
>km←sum((x-m0)<0)
>n←kp+km
>p←sum(dbinom(0:kp,n,0.5))
>print(p)
```

として実行すると，

[1] 0.109375

が出力される．ここで，正符号の個数を表す変数の $kp$ の値は 1，負符号の個数 $km$ は 5 で，合計の 6 を $n$ として計算を行っている．符号検定では $X - m_0$ が 0 となるものについては除外する．

R に用意されている二項検定の関数 binom.test を用いれば，簡単に検定を行うことができる．この関数で上記の例の検定を行うには，$K^+$ と $n$ の値，および確率 $p = 0.5$ と検定の種類（左側，右側，両側）を指定して，

```
>binom.test(1,6,p=0.5,alternative="less")
```

とすれば，

---

※ 以下でも「$n$ が十分大きい」の表現は，本項と同様の意味を持つものとするが，ここでの場合においても文献によっては 20 や 25 以上などとされることもあり，場合に応じて適宜判断するものとする．

Exact binomial test

data:  1 and 6

number of successes = 1, number of trials = 6, p-value = 0.1094

alternative hypothesis: true probability of success is less than 0.5

95 percent confidence interval:

 0.0000000 0.5818034

sample estimates:

probability of success

   0.1666667

となって，p-value の値（下線部）は $P(X \leq K^+) = 0.1094$ で，0.05 より大きいため，帰無仮説は棄却できないという結果となっている．

## （2）正規分布近似

二項分布の確率密度関数のグラフは $n$ が大きくなるにつれて，左右対称の正規分布の形に近づく．図 2・1・2 は R によりその様子を，$n$ を 5,10,15 と変化させてプロットしたものである．なお，グラフは次のようにして作成し，実際には色分けされている．

xm←c(0,15); ym←c(0,0.4)

plot(0,0,type="n",xlab="x",ylab=
  "dbinom(x)",xlim=xm,ylim=ym,
  main="二項分布 B(n,0.5)")　#軸
  だけ描画

for (i in 1:3) {
 par(new=T)　#重ねて描画
 k← i*5; x← 0:k
 plot(x,dbinom(x,k,0.5),type="o",pch=21,
 bg=i,col=i,xlim=xm,ylim=ym,ann=F,

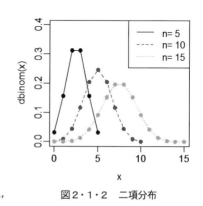

図 2・1・2　二項分布

        lty=i)    #type="o"は線とマーカーを重ねて表示,ann=F は軸名を書かない
    }
    labels←rep("n=",3)
    labels←paste(labels,seq(5,15,5))    #seq(5,15,5)は 5 刻みで 5 から 15 まで
    cols←1:3; lts←1:3
    legend("topright",legend=labels,col=cols,lty=lts)

この性質を利用して，離散型確率分布である二項分布を連続型確率分布の正規分布で近似することができる．

$n$ が十分大きいとき，二項分布 $B(n, p_0)$ は正規分布 $N(\mu, \sigma^2) = N(np_0, np_0(1-p_0))$ で近似でき，確率変数 $X$ を標準化（standardization）すると

$$Z = \frac{X - \mu}{\sigma} = \frac{X - np_0}{\sqrt{np_0(1-p_0)}}$$

となり，$Z$ は標準正規分布 $N(0,1)$ に従う．ここで分子と分母を $n$ で割れば

$$Z = \frac{p - p_0}{\sqrt{p_0(1-p_0)/n}}$$

となって母比率の検定（前著第 2・3・5 項参照）における検定統計量の式になる．前式で $p_0 = 1/2$，$X = K^+$ と置けば

$$Z = \frac{K^+ - n/2}{\sqrt{n/4}}$$

となるから，符合検定はこの式を用いて行うことができる．

符合検定の計算例は，次の 2 群データの場合について示す．

**（3）2 群データの符号検定**

表 2・1・5 の例は，ある学生食堂の同価格のランチメニューで出している A 定食と B 定食のおいしさを学生 12 人に 3 段階（3：とてもおいしい，2：まあまあおいしい，1：ふつう）で評価してもらったものである．このデータか

表 2・1・5　学生食堂のランチの評価

| 学生番号 | 1 | 2 | 3 | 4 | 5 | 6 | 7 | 8 | 9 | 10 | 11 | 12 |
|---|---|---|---|---|---|---|---|---|---|---|---|---|
| A定食($X$) | 2 | 2 | 3 | 1 | 3 | 3 | 1 | 2 | 2 | 3 | 2 | 3 |
| B定食($Y$) | 3 | 1 | 2 | 2 | 3 | 2 | 3 | 3 | 2 | 2 | 1 | 2 |
| 符号($X$-$Y$) | − | + | + | − | 0 | + | − | − | 0 | + | + | + |

ら，A 定食と B 定食の評価に差があるかどうか，

$H_0$：評価（母代表値，たとえば中央値）に差はない，$H_1$：評価に差がある

の仮説について検定する．

このデータは 2 群データとなっているが，2 群内の対応するデータ対 $(X_i, Y_i)$ の差 $X_i - Y_i$ の符号について考えれば，(1) および (2) で述べた符号検定を正規分布近似により適用することができる．そこで，次に示す $z$ 検定の関数を用いて検定を行う．この関数は前著第 3・4・1 項の ztest を符号検定用に変更したものである．下線部が検定統計量の計算部分である．

```
ztest← function (kp, n, alfa, side)
#alfa: kikenritsu, kp: plusnokosuu, n: hyouhon size
#side: (0: ryougawa,1: migigawa,2: hidarigawa)
{
  z← (kp-n/2)/sqrt(n/4)
  cat("検定統計量 z¥n")
  print(z)
  if(side==0) alfa←alfa/2
  xr← -qnorm(alfa)
  cat("棄却域¥n")
  print(xr)
  cat("検定結果¥n")
  if(abs(z)>xr)
```

```
    cat("     棄却¥n")
  else
    cat("     採択¥n")
}
```
この関数をファイル名"zkentei.r"で保存し，次のように実行する．

```
source("zkentei.r")
x← c(2,2,3,1,3,3,1,2,2,3,2,3)
y← c(3,1,2,2,3,2,3,3,2,2,1,2)
fugou← x-y
kp←sum(fugou>0)
km←sum(fugou<0)
n←kp+km
ztest(kp,n,0.05,0)
```

すると，結果は

検定統計量 z

[1] 0.6324555

棄却域

[1] 1.959964

検定結果

　　採択

となって，帰無仮説 $H_0$ は棄却できず，A 定食と B 定食の評価に差は認められないといえる．

【問2・1・2】　表2・1・6は，毎日タバコを吸うという7人（A～G）に対して，禁煙教材のビデオを視聴してもらい，視聴前と視聴後の各1週間の平均喫煙本数を調べた例である．ビデオの視聴後に喫煙本数の減少が見られたかどうかを検定せよ．また，もし，Dの人も視聴後に15本に減ったとしたら結果はど

## 第2章 仮説検定

表2・1・6 喫煙者の1日の喫煙本数の変化の例 (単位:本)

|         | A  | B  | C  | D  | E  | F  | G  |
|---------|----|----|----|----|----|----|----|
| ビデオ視聴前 | 18 | 21 | 12 | 20 | 15 | 30 | 35 |
| ビデオ視聴後 | 10 | 5  | 0  | 30 | 3  | 20 | 7  |
| 差の符号   | +  | +  | +  | −  | +  | +  | +  |

のように変わるか調べよ.

[略解] 次の仮説を立てて検定を行う.

$H_0$:喫煙本数に差はない,  $H_1$:喫煙本数に差がある

変数 $x$ と $y$ にそれぞれ,ビデオ視聴前と視聴後のデータが代入されているものとし,これらの値から,前述のように差の符号を求め,$kp$ に正の個数を代入する.そして,自作関数 ztest を実行すると,

> ztest(kp,n,0.05,1)

検定統計量 z

[1] 1.133893

棄却域

[1] 1.644854

検定結果

　採択

となって,帰無仮説は棄却されず,両群のデータに差が認められないので,喫煙本数が減少したとはいえない.ただし,有意水準 $\alpha = 0.05$ とし,右側検定を行っている.なお,$p$ 値は

> pnorm(1.889822,lower.tail=F)

[1] 0.1284197

であり,有意水準より大きい値となっていることがわかる.

D の人のデータを変更して,同様に ztest を行うと,次のような結果が得られる.

　検定統計量 z

[1] 1.889822
　　棄却域
　　　[1] 1.644854
　　検定結果
　　　　棄却

したがって，この場合は帰無仮説は棄却されて，喫煙本数に減少が見られたといえることになる．

### 2・1・3　ウィルコクソンの符号順位検定
#### （1）1群データの場合

　前項の符号検定はデータの符号のみにより検定を行うので，外れ値（outlier，データの中で，他の値から大きく外れた極端な値であり，異常値や記入ミスに起因したものであると考えられ，平均値などの計算に影響を与えるため，除外することも多い）の影響を受けにくいが，符号以外の数値情報が活用されず非効率的である．そこで，データに順位付けを行い，符号とともにその情報を活用することを考える．

　中央値に対して左右対称な分布から大きさ $n$ の標本 $X_1, X_2, \cdots, X_n$ を抽出したとする．このとき，母集団の中央値の推定値として指定された値 $m_0$ に対して母中央値 $m$ がこの $m_0$ と等しいかどうかに関する仮説

$$\boxed{H_0 : m = m_0, \quad H_1 : m \neq m_0}$$

を立てて，次のようにして検定を行う．

　各標本のデータから $m_0$ を引いた値の絶対値 $D_i = |X_i - m_0|, i = 1 \sim n$ に，値の小さい順に $1, 2, \cdots, n$ と順位付けを行い，その順位を $R_i, i = 1 \sim n$ で表す．この順位の合計は $\sum_{i=1}^{n} R_i - n(n+1)/2$ となる．各 $R_i$ に対して，$X_i$ が $m_0$ よりも大きい場合は符号を $+$，逆に小さい場合は符号 $-$ を乗じた値を $W_i$ とする．すなわち，

$$W_i = \begin{cases} -R_i, & (X_i < m_0) \\ R_i, & (X_i > m_0) \end{cases}$$

である．ただし，$X_i = m_0$ で $D_i = 0$ のデータは除外する．また，同順位の場合は順位の平均を取ることにする．このようにして求めた $W_i$ を符号付順位と呼ぶ．表2・1・7は符号付順位の例である．この場合，$m_0 = 5$ として計算を行うと，$D_3 = D_5 = D_6$ となるから，これらの順位を仮に $R_3 = 3$，$R_5 = 4$，および $R_6 = 5$ とした後に，平均値 $R_3 = R_5 = R_6 = (3+4+5)/3 = 4$ と置き換えている．

符号付順位 $W_i$ が得られたら，そのうちの正数の合計 $K^+$ と負数の（絶対値の）合計 $K^-$ を計算する．表2・1・7では，$K^+ = 6+1+4 = 11$，$K^- = 4+2+4 = 10$ となる．この場合は $n = 6$ から，$\sum_{i=1}^{n} R_i = n(n+1)/2 = (6 \times 7)/2 = 21$ となるので，$K^- = 21 - K^+ = 10$ として求めることもできる．

表2・1・7　符号付順位の例

| 番号($i$) | 1 | 2 | 3 | 4 | 5 | 6 |
|---|---|---|---|---|---|---|
| $X_i$ | 9 | 2 | 6 | 3 | 8 | 2 |
| $D_i$ | 4 | 3 | 1 | 2 | 3 | 3 |
| $R_i$ | 6 | 4 | 1 | 2 | 4 | 4 |
| $W_i$ | 6 | -4 | 1 | -2 | 4 | -4 |

$K^+$ と $K^-$ の値は，もし帰無仮説 $H_0$ が正しければほぼ同数になるはずであるが，$H_0$ が成り立たないときはどちらかに偏り，$K^+$ あるいは $K^-$ の一方が大きくなる傾向にある．そこで，これらのうちの小さい方の値を $T$ と置き，この値が**棄却限界値**（critical value）$C$ より小さい場合，すなわち $T < C$ であれば $H_0$ を棄却する．このような検定を**ウィルコクソンの符号順位検定**（Wilcoxon singed-rank test）という（後述の順位和検定とは異なるので注意が必要である）．

$C$ の値は $P(T \le C) \le \alpha/2$ となるように決められており，表2・1・8に示す数値を用いる[2]．ただし，$\alpha$ は有意水準で

表2・1・8　ウィルコクソンの符号順位検定の限界値

| $n$ | 片側検定 | | 両側検定 | |
|---|---|---|---|---|
| | $\alpha=0.05$ | $\alpha=0.01$ | $\alpha=0.025$ | $\alpha=0.005$ |
| 6 | 2 | – | 0 | |
| 7 | 3 | 0 | 2 | – |
| 8 | 5 | 1 | 3 | 0 |
| 9 | 8 | 3 | 5 | 1 |
| 10 | 10 | 5 | 8 | 3 |
| 11 | 13 | 7 | 10 | 5 |
| 12 | 17 | 9 | 13 | 7 |
| 13 | 21 | 12 | 17 | 9 |
| 14 | 25 | 15 | 21 | 12 |
| 15 | 30 | 19 | 25 | 15 |
| 16 | 35 | 23 | 29 | 19 |

ある.棄却限界値の求め方については省略するが,原理的には,$K^+$ あるいは $K^-$ は $0\sim n(n+1)/2$ の範囲の値を取ることから,それらの確率を計算して有意水準になるまで足し合わせて得られるものである.R で限界値を求めるためには,次の自作関数を用いるとよい.

```
critical.value ← function(n, a)
#n: hyouhon size, a:kikenritsu
{
   n1 ← n*(n+1)/2
   x ← dsignrank(c(0:n1),n)
   y ← cumsum(x)
   z ← length(y[y<a])
   m ← z-1
   return(m)
}
```

この関数を "criticalvalue.r" の名前で保存して,実行すると

```
> source("criticalvalue.r")
> critical.value(9, 0.05)
[1] 8
```

が得られ,表 2・1・8 の $n = 9, \alpha = 0.05$ の片側検定の欄の値 8 と一致している.ここで,使用した関数 cumsum(x) はベクトルデータ $x$ の累積和を取るもので,たとえば

```
> x ← 1:10
> cumsum(x)
 [1]  1  3  6 10 15 21 28 36 45 55
```

とすると,1 から 10 までの整数を順に足して,最終的に総和 55 が得られる.関数 dsignrank は,第 2 引数に $n$ を与えると,$K^+$ あるいは $K^-$ が $0\sim n(n+1)/2$

の各値を取る確率を示すものであり，たとえば$n = 6$であれば

&gt; n ← 6

&gt; n1 ← n*(n+1)/2

&gt; x ← dsignrank(c(0:n1),n)

&gt; x

  [1] 0.015625  0.015625  0.015625  0.031250  0.031250  0.046875
     0.062500  0.062500

  [9] 0.062500  0.078125  0.078125  0.078125  0.078125  0.062500
     0.062500  0.062500

  [17] 0.046875  0.031250  0.031250  0.015625  0.015625  0.015625

となる．ここでcumsumを用いて4項目までの和を求めると

&gt; cumsum(x[1:4])

  [1] 0.015625  0.031250  0.046875  0.078125

となって，3項目までの和が0.05以内であり，これは$K^+$あるいは$K^-$が0〜2に対応しているから，結局$\alpha = 0.05$の片側検定の棄却限界値は$C = 2$となる．

【問2・1・3】 $n = 6$の場合に$K^+$あるいは$K^-$の取る値の確率をdsignrankで調べ，表2・1・8の棄却限界値$C$の値までの和が有意水準$\alpha$を満たすことを確認せよ．

［略解］$n$に10を代入して，dsignrankを用いて$0 \sim n(n+1)/2$までの確率を求め，cumsumで何項目までの和で$\alpha$に達するか調べればよい．

以上のような原理により検定を行う関数Wilcoxontestを以下に示す．

Wilcoxontest ← function(x,m,a,side)

#x: hyouhon, a: kikenritsu, m: shiteisu

#side: (0:ryougawa,1:katagawa)

{

```
    d← x-m
    d← d[d!=0]
    n← length(d)
    n1← n*(n+1)/2
    r← rank(abs(d))
    w← sign(d)*r
    kp← sum(w[w>0])
    t← min(c(kp,n1-kp))
    cat("検定統計量 t¥n")
    print(t)
    if(side==0) a← a/2
    c← critical.value(n,a)
    cat("限界値 C¥n")
    print(c)
    cat("検定結果¥n")
    if(t<=c)
        cat("    棄却¥n")
    else
        cat("    採択¥n")
}
```

表2・1・7中の$D$および$R$の欄はどちらも絶対値を取った値であるが，関数内の変数$d$および$r$は後述の計算に使用する都合上，絶対値を取っていないので注意して欲しい．関数内で使用している関数 sign は引数の符号を取るもの，rank は順位を与えるものである．この関数 Wilcoxontest の使用例を次の例2・1・2で示す．

【例2・1・2】 表2・1・9はある大学の研究室の学生 10 人に昨夜の睡眠時

間を尋ねた結果である．母集団の中央値は一般的な学生の睡眠時間 7h と比べて少ないといえるかどうか調べよ．

表2・1・9　ある研究室の学生の睡眠時間（単位：h）

| 学生番号 | 1 | 2 | 3 | 4 | 5 | 6 | 7 | 8 | 9 | 10 |
|---|---|---|---|---|---|---|---|---|---|---|
| 睡眠時間($X$) | 7.5 | 6 | 5.5 | 6.5 | 8 | 6 | 5.5 | 4.5 | 6.5 | 5 |
| $D$ | 0.5 | 1 | 1.5 | 0.5 | 1 | 1 | 1.5 | 2.5 | 0.5 | 2 |
| $R$ | 2 | 5 | 7.5 | 2 | 5 | 5 | 7.5 | 10 | 2 | 9 |
| $W$ | 2 | -5 | -7.5 | -2 | 5 | -5 | -7.5 | -10 | -2 | -9 |

［解］次の仮説を立てて検定を行う．

$$H_0 : m = 7, \quad H_1 : m < 7$$

関数 Wilcoxontest がファイル名"Wilcoxon.r"で格納されているとして，

> source("criticalvalue.r")

> source("Wilcoxon.r")

> x ← c(7.5,6,5.5,6.5,8,6,5.5,4.5,6.5,5)

> m ← 7

> a ← 0.05

> side ← 1

> Wilcoxontest(x,m,a,side)

と実行すると，次の結果が得られる．

検定統計量 t

[1] 7

限界値 C

[1] 10

検定結果

　　棄却

このように，検定統計量は棄却限界値より小さくなるので $H_0$ は棄却され，母集団の睡眠時間は7h より小さいといえる．

## (2) 正規分布近似

標本数$n$が大きいときには，ウィルコクソンの符号順位検定は棄却限界値を用いた検定を行う必要はなく，近似的に正規分布を用いて行うことができる．

この場合は，$T$の値（$K^+$と$K^-$の小さい方）は平均$n(n+1)/4$，分散$n(n+1)(2n+1)/24$の正規分布に従うことがわかっているから[3]，標準化した

$$Z = \frac{T - n(n+1)/4}{\sqrt{n(n+1)(2n+1)/24}}$$

を検定統計量として$z$検定を行えばよい．

そこで，前項の（3）に載せた関数 ztest の第1パラメータ名と検定統計量の計算部分（いずれも下線で示す）とを

ztest1 ← function (<u>t</u>, n, alfa, side)

および

<u>z ← (t-n*(n+1)/4)/sqrt(n*(n+1)*(2*n+1)/24)</u>

と変更して利用する．この関数の使用例については次の2群データの場合において示すので，ここではファイル名"zkentei1.r"として保存するところまでとする．

## (3) 2群データの場合

対応する2群データ$X_i, Y_i, i = 1〜n$が与えられた場合のウィルコクソンの符号順位検定については，符号検定のときと同様に，対応するデータ間の差$D_i$について考えると，1群データの場合と同じ手順で検定を行うことができる．以下，例を用いて正規分布近似による手法を説明する．

表2・1・10は，ある15銘柄（架空のもの）の株価の先週末の値$X$円と今週末の値$Y$円の例である．今週前半に政府による新たな金融政策が公表された（とする）ため，株価は上昇したと見られるが，それぞれのデータの母集団の中央値$m_X$および$m_Y$に関して，

## 第2章 仮説検定

表2・1・10 株価の変動の例（単位：円）

| 銘柄番号 | 1 | 2 | 3 | 4 | 5 | 6 | 7 | 8 | 9 | 10 | 11 | 12 | 13 | 14 | 15 |
|---|---|---|---|---|---|---|---|---|---|---|---|---|---|---|---|
| 先週末($X$) | 445 | 2532 | 816 | 998 | 1728 | 1005 | 161 | 89 | 3941 | 6881 | 626 | 1444 | 433 | 716 | 266 |
| 今週末($Y$) | 471 | 2545 | 801 | 1004 | 1723 | 1031 | 169 | 87 | 3935 | 6925 | 658 | 1469 | 431 | 711 | 269 |
| $D$ | 26 | 13 | 15 | 6 | 5 | 26 | 8 | 2 | 6 | 44 | 32 | 25 | 2 | 5 | 3 |
| $R$ | 12.5 | 9 | 10 | 6.5 | 4.5 | 12.5 | 8 | 1.5 | 6.5 | 15 | 14 | 11 | 1.5 | 4.5 | 3 |
| $W$ | -12.5 | -9 | 10 | -6.5 | 4.5 | -13 | -8 | 1.5 | 6.5 | -15 | -14 | -11 | 1.5 | 4.5 | -3 |

$$H_0 : m_X = m_Y, \quad H_1 : m_X < m_Y$$

と仮説を立てて検定を行う．

まず，前記の関数 ztest1 を

> source("zkentei1.r")

として呼び出す．次に，

> x ← c(445,2532,816,998,1728,1005,161,89,3941,6881,626,1444,433,716,
　266)

> y ← c(471,2545,801,1004,1723,1031,169,87,3935,6925,658,1469,431,711,
　269)

> d ← x-y

により変数 $x$ と $y$ にデータを代入した後，その差を $d$ とする．この $d$ について，関数 Wilcoxontest の前半部分を適用して検定統計量 $z$ を求めると

> d ← d[d!=0]

> n ← length(d)

> n1 ← n*(n+1)/2

> r ← rank(abs(d))

> w ← sign(d)*r

> kp ← sum(w[w>0])

> print( t ← min(c(kp,n1-kp)))

[1] 28.5

2・1　2群検定（対応のある場合）　　　31

となり，表2・1・10からもわかるように，正符号の順位和 $kp$ は 28.5，負符号は 91.5 で，合計は 120 となる．これらの小さい数 28.5 を $t$ としている（$t$ は代入と同時に出力も行っている）．この $t$ を用いて ztest1 により左側検定を行えば，

　>ztest1(t,n,0.05,2)

　検定統計量 z

　[1] -1.78908

　棄却域

　[1] 1.644854

　検定結果

　　棄却

となって，帰無仮説 $H_0$ は棄却され，今週末の株価の中央値の方が先週末より大きいといえる．　ただし，この出力結果では棄却域は絶対値を示しており，実際は左側検定であるので，-1.644854 が用いられ，z はこれよりも小さくなっているから棄却域にあることがわかる．

（4）Rの組み込み関数による検定

　Rにはウィルコクソンの符号順位検定の関数 wilcoxon.test が最初から用意されており（本書では組み込み関数と呼ぶ），この関数を表2・1・10 の例に適用すると，

　> wilcox.test(d, alternative="less")

　　　　　Wilcoxon signed rank test with continuity correction

　data:　d

　V = 28.5, p-value = 0.03903

　alternative hypothesis: true location is less than 0

　　警告メッセージ:

　In wilcox.test.default(d, alternative = "less") :

　　タイがあるため，正確な p 値を計算することができません

の検定結果が得られる．ここで，パラメータ alternative="less" として左側検定であることを指定している．右側検定の場合は"greater"，両側検定は"two.sided"とする．下線部に，検定対象の順位和 28.5 およびその確率が出力されており，確率が 0.05 以下であり，対立仮説が成り立つ．

　この関数 wilcoxon.test は 1 群データと 2 群データの両方に対して使用することができる．2 群データに用いるときは，パラメータ paired を T（または TRUE）として

　> wilcox.test(x,y, alternative="less",paired=T)

とすれば，$x$ と $y$ の差のデータについて検定が行われる（この指定を行わずに 2 つのデータを与えると後述の別の検定となるので要注意）．この結果を変数 *kekka* に代入してみる．

　> kekka ← wilcox.test(x,y, alternative="less",paired=T)

この変数の属性は

　> names(kekka)

　[1] "statistic"　"parameter"　"p.value"　"null.value"　"alternative"
　[6] "method"　　"data.name"

であるから，

　> kekka$statistic（または kekka[1]）

　　　V
　28.5

　> kekka$p.value（または kekka[3]）

　[1] 0.03902592

となって，1 群データの場合と同じ結果が得られることがわかる．

　ここで，*kekka*[3] の値は

　> typeof(kekka[3])

　[1] "list"

## 2・1 2群検定（対応のある場合）

からリストであるので，

> k ← as.numeric(kekka[3])

として実数値に変換して変数$k$に代入する[※]．そして，p.value の値（$p$値）に対応する$z$値を求めてみると，

> qnorm(k)

[1] -1.762103

となって，ztest1 により得られた$z$値-1.78908 とは異なっている．その理由を次に説明する．

### （5）連続性の補正

ウィルコクソンの符号順位検定は，本来は符号付順位の合計の数に対して，その確率を計算して検定を行うものであり，確率分布は離散型となる．これを連続型確率分布である正規分布で近似する際に補正が必要となる．図2・1・3 は符号付順位和を横軸（$x$軸）に，縦軸（$y$軸）にはその確率を取ったものである．この図は次のスクリプトにより描いた．

n ← 4; n1 ← n*(n+1)/2

mu ← n*(n+1)/4

sgm ← sqrt(n*(n+1)*(2*n+1)/24)

x ← 0:n1

y ← dsignrank(x,n)

x1 ← seq(0,n1+1,0.1)

y1 ← dnorm(x1,mean=mu+0.5,sd= sgm)

my ← max(y1)

name ← 0.10

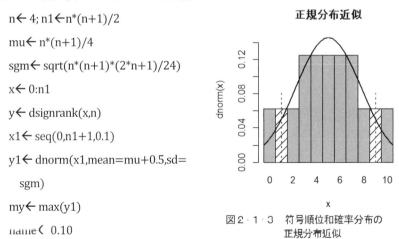

図2・1・3 符号順位和確率分布の正規分布近似

---

[※] 関数 as.numeric は実数値に変換するもので，たとえば整数値，文字列，論理値に変換したい場合は，それぞれ as.integer, as.character, as.logical とする．

```
cname←as.character(name)
cl←rep(8,11); cl[2] ← "black"; cl[10] ← "black"
ds←rep(200,11); ds[2] ←10; ds[10] ←10
barplot(y,xlim=c(0,n1+1),ylim=c(0,my),xlab="x",ylab="dnorm",space=0,
   main="正規分布近似",names.arg=cname,col=cl,density=ds)
   #符号順位和確率の棒グラフ
lines(x1,y1,xlim=c(0,n1+1),ylim=c(0,my))   #正規分布の描画
segments(1.5,0,1.5,0.08,lty="dotted",col="red",lwd=2)   #点線の描画
segments(9.5,0,9.5,0.08,lty="dotted",col="red",lwd=2)
```

ここで,関数 barplot は棒グラフを描かせるものであり,パラメータ space で隣接する棒との間隔を調節し,names.arg で各棒に名前を付けている.関数 segments は線分を描画するものである.

この図では,例として $x = 1$ と $x = 9$ の位置に点線(実際は赤色)で縦線を記入しており,それに相当する棒には斜線で網掛けを行っている.その他の棒は灰色 (col=8) として,density=200 の高密度で塗りつぶしている.各棒の面積はそれぞれの確率を示しているから,たとえば確率 $P(1 \leq x \leq 9)$ の値を求めるには棒の幅について $P(1 - 0.5 \leq x \leq 9 + 0.5)$ と補正を行わなければならない.このような補正のことを**連続性の補正**(continuity correction),あるいは**半整数補正**といい,二項分布を正規分布で近似する際などによく用いられる[4].

R の関数 wilcox.test には,連続性の補正を行うかどうかのパラメータ correct があり,correct=TRUE のとき補正あり,FALSE のとき補正なしとなる.指定しない場合は補正ありで計算が行われるため,上述の例では補正がなされていることになる.

【問2・1・4】 図2・1・3の $x = 1$ の棒について,$P(1 - 0.5 \leq x \leq 1 + 0.5)$ の確率を求めよ.

[略解] pnorm(1.5)-pnorm(0.5)により,0.2417303 が得られる.

## （6）同順位の補正

関数 wilcox.test ではさらに次の補正を行っている．表２・１・１０の例について，この関数の実行結果では次の"警告メッセージ"（下線部）が出る．

<u>タイがあるため，正確な p 値を計算することができません</u>

この"タイ"とは同順位のことで，これがある場合には，ない場合の符号順位和の分散$n(n+1)(2n+1)/24$から補正項 $\tau$ を引いた，$\{n(n+1)(2n+1)/24 - \tau\}$に修正する必要がある[5],[6]．ただし，

$$\tau = \frac{1}{48}\sum_{k=1}^{K}(t_k-1)t_k(t_k+1) = \frac{1}{48}\sum_{k=1}^{K}(t_k{}^3 - t_k)$$

であり，$K$は同順位を除いた順位の個数，$t_k$は各順位の重複数を表している．この補正のことを**同順位の補正**（または同位の補正，tie correction）という．

表２・１・１０の例では同順位が存在するので，この場合についての補正項を求めてみる．１群データの場合に示した自作関数 Wilcoxontest では，変数$r$にデータの絶対値の順位が求まり，その値は表中の$R$の欄の値である．そこで，これらの値を$r$に代入し，次のようにする．

> r ← c(12.5,9,10,6.5,4.5,12.5,8,1.5,6.5,15,14,11,1.5,4.5,3)

> print(tr ← table(r))

r

| 1.5 | 3 | 4.5 | 6.5 | 8 | 9 | 10 | 11 | 12.5 | 14 | 15 |
|---|---|---|---|---|---|---|---|---|---|---|
| 2 | 1 | 2 | 2 | 1 | 1 | 1 | 1 | 2 | 1 | 1 |

> print(length(tr))

[1] 12

この結果から，順位の個数$K$は 12 であり，重複度$t_k, k=1\sim12$は 1,1,2,1,...,1,1 となる．これらから，補正項は

> print(tau ← sum(tr^3-tr)/48)

[1] 0.5

となる．

この同順位の補正と（5）で述べた連続性の補正を自作関数 Wilcoxsontest に追加し（下線部），

> z ← (t-n*(n+1)/4 ± 0.5)/sqrt(n*(n+1)*(2*n+1)/24 - tau)

とすると，

> z

[1] -1.762103

> pnorm(z)

[1] 0.03902592

となって，（4）の wilcox.test による結果と一致する．

［補足］　関数 wilcox.test における連続性の補正に関しては，実際に R でどのような計算により検定統計量が求められているか調べて，その内容をもとに記述を行った．R はオープンソースのフリーソフトウェアであるから，ソースコードを見ることができる⁽ⁿ⁾．いま，ある関数のソースコードを調べたいとすると，コンソール上で"関数名(引数)"の括弧以下を除いて

> 関数名

とすればよい（この方法で自作関数を表示させることもできる）．もし，これで表示されない場合には，関数 methods と getS3method を組み合わせて行う．たとえば，wilcox.test は

> wilcox.test

function (x, ...)

UseMethod("wilcox.test")

<environment: namespace:stats>

となって，ソースコードが表示されないので，

> methods(wilcox.test)

[1] wilcox.test.default* wilcox.test.formula*

Non-visible functions are asterisked
> getS3method("wilcox.test","default")

および

> getS3method("wilcox.test","formula")

とすれば表示される（表示内容は省略）．

## 2・2　2群検定（対応のない場合）

前節では 2 群のデータ間に対応のある場合の検定（パラメトリックおよびノンパラメトリック）について述べたが，本節ではデータ間に対応関係のない場合の代表値に関する検定（ノンパラメトリック）を取り扱う．

### 2・2・1　マン・ホイットニーの $U$ 検定

#### （1）棄却限界値を用いた検定

対応のある 2 つの母集団からそれぞれ抽出された 2 群データが標本として与えられたとき，それらの母集団の分布が等しいかどうかを中央値をもとに検定するのが符号検定とウィルコクソンの符号順位検定（以下では符号順位検定と略記することもある）であった．ここでは，2 つの母集団に対応関係がないときに使用される**マン・ホイットニーの $U$ 検定**（Mann-Whitney $U$ test，M-W test と省略されることもある）について，例を用いて説明する．この検定法も母集団の分布の正規性を仮定しないノンパラメトリックな手法の 1 つであり，データの値の大きさの順位を用いるものであることから**ウィルコクソンの順位和検定**（Wilcoxon rank sum test）と呼ばれることもある．符号順位検定（Wilcoxon signed-rank test）と紛らわしいので，混同しないように注意を要する．

表 2・2・1 は，ディナーにフランス料理店と中華料理店で使う平均的な金額を，ある地域の有名店の数店で調査した例である．表ではフレンチおよび中華のデータをそれぞれ $X$，$Y$ と表している．この場合，客層が重なっているかどう

かは不明であり，中華料理店の方が全体的に店数が多いため表に挙げたデータ数も異なるから，対応のない2群データとして扱う．フレ

表2・2・1　ディナーの平均予算の例1　(単位：百円)

| フレンチ($X$) | 25 | 38 | 26 | 55 | 16 | 43 | | |
|---|---|---|---|---|---|---|---|---|
| 順位($R_X$) | 5 | 9 | 6 | 13 | 3 | 11 | | |
| 中華($Y$) | 48 | 21 | 15 | 60 | 42 | 10 | 35 | 28 |
| 順位($R_Y$) | 12 | 4 | 2 | 14 | 10 | 1 | 8 | 7 |

ンチと中華では使う金額が異なるかどうかを調べたい．そこで，マン・ホイットニーの$U$検定によりそれらの2群データを抽出した母集団の分布が等しいと見てよいかどうかを検定する．この場合の帰無仮説$H_0$および対立仮説$H_1$は

$$H_0: m_X = m_Y, \quad H_1: m_X \neq m_Y$$

とする．ただし，$m_X$と$m_Y$はそれぞれの群の母集団の代表値（わかりやすいように，平均値や中央値と考えてもよい）とする．

表中の順位$R_X$, $R_Y$はそれぞれの群の各データの順位を表している．ただし，順位は2群を合わせた全体における昇順の順位である（降順でもよい）．各群の順位の総和を$S_X$, $S_Y$とすると，この例では，

$$S_X = \sum_{i=1}^{n_X} R_X = 5 + 9 + 6 + 13 + 3 + 11 = 47$$

$$S_Y = \sum_{i=1}^{n_Y} R_Y = 12 + 4 + 2 + 14 + 10 + 1 + 8 + 7 = 58$$

となる．ただし，$n_X$と$n_Y$は各群のデータの個数を表し，この例では$n_X = 6$, $n_Y = 8$である．このとき，

$$U_X = n_X n_Y + \frac{n_X(n_X+1)}{2} - S_X = 6 \times 8 + \frac{6 \times 7}{2} - 47 = 22$$

$$U_Y = n_X n_Y + \frac{n_Y(n_Y+1)}{2} - S_Y = 6 \times 8 + \frac{8 \times 9}{2} - 58 = 26$$

のうちの小さい方の値を検定統計量$U$とする．ここでは，$U = U_X = 22$となる．

$n_X$と$n_Y$が小さい値のときには，符号順位和検定の場合と同様に，$P(T \leq C) \leq \alpha/2$となるように定められた棄却限界値$C$の値を用いて，$U < C$であれば$H_0$を

## 2・2　2群検定（対応のない場合）

棄却し，そうでなければ採択する．ただし，$\alpha$は有意水準である．この棄却限界値を表2・2・2に示す[8]．この例では，$C = 8$である．

Rでは，$U$の累積確率分布関数の値は関数pwilcox($U, n_X, n_Y$)により求めることができるので，スクリプト

```
alfa ← 0.025
nx ← 6; ny ← 8
i ← 1; s ← 0
while (s < alfa){
    s ← s+pwilcox(i,nx,ny)
    i ← i+1 }
print (i)
```

表2・2・2　マン・ホイットニーの$U$検定の棄却限界値

| $n_y$ \ $n_x$ | 2 | 3 | 4 | 5 | 6 | 7 | 8 | 9 | 10 |
|---|---|---|---|---|---|---|---|---|---|
| 2 | – | – | – | – | – | – | 0 | 0 | 0 |
| 3 | – | – | – | 0 | 1 | 1 | 2 | 2 | 3 |
| 4 | – | – | 0 | 1 | 2 | 3 | 4 | 4 | 5 |
| 5 | – | 0 | 1 | 2 | 3 | 5 | 6 | 7 | 8 |
| 6 | – | 1 | 2 | 3 | 5 | 6 | 8 | 10 | 11 |
| 7 | – | 1 | 3 | 5 | 6 | 8 | 10 | 12 | 14 |
| 8 | 0 | 2 | 4 | 6 | 8 | 10 | 13 | 15 | 17 |
| 9 | 0 | 2 | 4 | 7 | 10 | 12 | 15 | 17 | 20 |
| 10 | 0 | 3 | 5 | 8 | 11 | 14 | 17 | 20 | 23 |
| 11 | 0 | 3 | 6 | 9 | 13 | 16 | 19 | 23 | 26 |
| 12 | 1 | 4 | 7 | 11 | 14 | 18 | 22 | 26 | 29 |

を実行すると，

　[1] 8

となって，棄却限界値表と同じ値が得られる．スクリプト中のwhileは括弧内の条件式が成立する限り繰り返しを行う制御構文である．このスクリプトと同様の計算を行う関数も用意されており，その関数qwilcoxを実行すると，

> qwilcox (alfa, nx, ny)

[1] 9

となる．この関数は第1引数で指定された確率になる確率点（quantile）を与えるものであるが，上記スクリプトで求めた値（棄却限界値表の値）より1多い値を返すので，1を引いて用いるとよい．

以上のことから，マン・ホイットニーの$U$検定を行う関数を次のように作成した．

```
MannWhitneytest←function(x,y,a,side){
    #x,y: hyouhon, a: kikenritsu,
    #side: (0:ryougawa,1:katagawa)
```

```
    nx← length(x); ny←length(y)
    z← c(x,y); r← rank(z)
    rx← sum(r[1:nx]); ry← sum(r[nx+1:ny])
    ux← nx*ny+nx*(nx+1)/2-rx
    uy← nx*ny+ny*(ny+1)/2-ry
    u← min(ux,uy)
    cat("検定統計量 U¥n")
    print(u)
    if(side==0) a← a/2
    c← qwilcox(a,nx,ny)-1
    cat("限界値 C¥n")
    print(c)
    cat("検定結果¥n")
    if(u<=c)
       cat("      棄却¥n")
    else
       cat("      採択¥n")
}
```

この関数がファイル名"Mann-Whitney.r"に保存してあるとして，表2・2・1の例について実行すると

```
>x← c(25,38,26,55,16,43)
>y← c(48,21,15,60,42,10,35,28)
>source("Mann-Whitney.r")
>MannWhitneytest(x,y,0,0.05)
検定統計量 U
[1] 22
限界値 C
```

[1] 8

検定結果

　　採択

となって，帰無仮説$H_0$を棄却することはできない．したがって，フランス料理店と中華料理店で使う金額が異なっているとはいえない．

（2）正規分布近似による検定

　標本数$n_X$と$n_Y$が十分大きい値のときは，$U$の値は近似的に平均が$m = n_X n_Y /2$，分散が$V = n_X n_Y (n_X + n_Y + 1)/12$の正規分布に従う[9]．したがって，

$$Z = \frac{U - n_X n_Y/2}{\sqrt{n_X n_Y (n_X + n_Y + 1)/12}}$$

と標準化して，標準正規分布による検定を行えばよい．

　そこで，ウィルコクソンの符号順位和検定の場合と同様に，関数 ztest の第1パラメータを$t$から$u$に変えるとともに，データ数$n$を$nx$および$ny$にして（下線部）

　　ztest2 ← function ( <u>u</u>, <u>nx</u>, <u>ny</u>, alfa, side)

とする．さらに検定統計量の計算部分（第2・1・2項の ztest の下線部）を

　　v ← nx*ny*(nx+ny+1)/12

　　z ← (u-nx*ny/2)/sqrt(v)

と2行にし，関数名も ztest2 と変更して，ファイル名"zkentei2.r"で保存する．

　この関数を表2・2・1の例について適用する．まず関数 MannWhitney の前半の計算を

　　nx ← length(x); ny ← length(y)

　　n ← nx+ny

　　z ← c(x,y); r ← rank(z)

　　rx ← sum(r[1:nx]); ry ← sum(r[nx+1:ny])

　　ux ← nx*ny+nx*(nx+1)/2-rx

uy ← nx*ny+ny*(ny+1)/2-ry

u ← min(ux,uy)

と実行した後に，

&gt; source("ztest2.r")

&gt; ztest2(u,nx,ny,0.05,0)

とすれば，結果は

検定統計量 z

[1] -0.2581989

棄却域

[1] 1.959964

検定結果

採択

となって，（1）の場合と同様に帰無仮説$H_0$を棄却することはできない．

（3）Rの組み込み関数による検定

　Rにおけるマン・ホイットニーの $U$ 検定のための関数は，ウィルコクソンの符号順位和検定の場合と同じく wilcox.test である．後者の検定では，2群のデータ $X$, $Y$ をパラメータに指定する際には，wilcox.test(x,y,paired=TRUE) としたが，今回は paired のパラメータは特に指定せずに，wilcox.test(x,y) とすればよい（paired=FALSE としてもよい）．実際に，この関数により表2・2・1のデータの検定を行ってみると

&gt; wilcox.test(x,y)

　　　　　Wilcoxon rank sum test

data:　x and y

W = 26, p-value = 0.8518

alternative hypothesis: true location shift is not equal to 0

となって，この場合は両側検定であり（パラメータ conf.level と alternative は省

略してデフォルト値となっている），$U_X$ と $U_Y$ のうちの後者の値が $W=26$ と表示されているが，検定結果に変わりはなく，$p$ 値 $= 0.8518 > \alpha = 0.05/2$ であるから帰無仮説 $H_0$ は棄却されない．

ここで，$p$ 値から確率点を求めてみると

> result← wilcox.test(x,y,alternative= "greater")

> rn← as.numeric(result[3])

> print(rn)

[1] 0.4259074

> qnorm(rn)

[1] -0.1868033

となって，（2）の計算結果 -0.2581989 と異なっている．このことについて説明する．

マン・ホイットニーの $U$ 検定における統計量 $U$ の確率分布は正確に計算することができるが，$nx$ や $ny$ が大きくなると計算時間がかなりかかるので[10]，それらが小さな値であるときなどを除いて，正規分布近似が一般に用いられている．R の関数 wilcox.test では $nx$ あるいは $ny$ が 50 以上であるか，または同順位（タイ）がある場合には正規分布近似が用いられ，そうでないときは正確な計算（正確確率 $U$ 検定，exact $U$-test ともいう）が用いられているが，パラメータ exact=FALSE とすれば正規分布近似となる．

次に，ウィルコクソンの符号順位和検定で述べたように，連続性の補正もデフォルトで行われるので，パラメータ correct=FALSE として行わないようにする．これらのような設定をして，

> result← wilcox.test(x,y,alternative= "greater",exact=F,correct=F)

> rn← as.numeric(result[3])

> print(rn)

[1] 0.3981267

```
> qnorm(rn)
[1] -0.2581989
```
と実行した結果は，(2) の場合と一致することがわかる．この例の場合は，同順位がないので，同順位の補正は行われないが，同順位があるときは次のような補正が行われる．すなわち，分散 $V$ が次式で表されるようになる（$K$ および $t_k$ については前節参照）[11]．

$$V = \frac{n_X n_Y}{12}\left\{(n_X + n_Y + 1) - \frac{\tau}{(n_X + n_Y)(n_X + n_Y - 1)}\right\}$$
$$= \frac{n_X n_Y}{12(n^2 - n)}(n^3 - n - \tau)$$
$$\tau = \sum_{k=1}^{K}(t_k{}^3 - t_k)$$

ここで，既にスクリプトでは使用しているが，$n = n_X + n_Y$ である．$V$ の1行目の式は R のソースコードで用いられている表現を式に直したものであり，それを変形したものが文献(11)の式（$V$ の2行目の式．ただし，$\tau$ は文献中では用いられていない）である．この式をスクリプトで表現してみると，

```
tr ← table(r)
k ← length(tr)
tau ← sum(tr^3-tr)
v ← nx*ny*(n^3-n-tau)/(12*(n^2-n))
z ← (u-nx*ny/2-0.5)/sqrt(v)
```

となる．下線部は連続性の補正である．

【問2・2・1】 R のデータセットの iris（前著第3・1・10項参照）について，萼（がく）片の長さ（Sepal.Length）を先頭から 20 個取り出したものを $X$，21 個目から 50 個取り出したものを $Y$ として，それらが別々の母集団から得られたデータと仮定したとき，2 つの母集団の代表値が異なっているかどうか，組み込み関数 wilcox.test および自作のスクリプトにより調べよ．

## 2・2　2群検定（対応のない場合）

[略解]　帰無仮説を $\boxed{H_0: m_X = m_Y}$, 対立仮説を $\boxed{H_1: m_X \neq m_Y}$ とし, まず wilcox.test を用いた次のスクリプト

x ← head(iris[,1],70)

y ← x[21:70]

x ← x[1:20]

rs ← wilcox.test(x,y,alternative="less")

rsn ← as.numeric(rs[3])

qn ← qnorm(rsn)

を実行して, 結果を出力する.

> print(rsn)

> rsn

[1] 0.02527656

> print(qn)

> qnorm(rsn)

[1] -1.955254

となって, 有意水準5%では帰無仮説は棄却され, 対立仮説が成り立つことになる.

次に, 自作のスクリプトで同じ検定を行う. 連続性の補正と同順位の補正を加えた（3）のスクリプトを用いればよい. 検定統計量の計算部分のみを次に示す（下線部に注意）.

v ← nx*ny*(n^3-n-tau)/(12*(n^2-n))

z ← (u-nx*ny/2<u>+0.5</u>)/sqrt(v)

これらを実行して, z を出力すると

> print(z)

[1] -1.955254

となって, wilcox.test の場合と同じ値になることがわかる.

[補足]　本項で取り上げたマン・ホイットニーの $U$ 検定はデータの分布に正規性が仮定できない2標本の場合によく用いられる検定手法であるが, 2つの

母集団間の分散が異なると検定結果に影響を与えると指摘されているので[12]，実際に使用する際には注意が必要である．

### 2・2・2 ブルンナー・ムンツェル検定

前項の補足で指摘したとおり，ノンパラメトリック検定で2群の検定を行う場合に，等分散の仮定が成り立たない場合には検定結果の信頼性が薄らぐ．母集団間に等分散の仮定がなくても使用することのできる検定法としては，**ブルンナー・ムンツェル検定**（Brunner-Munzel test，B-M test と省略されることもある）があり，よい検定の精度を持つ手法として注目されている[13]．この手法について文献(14)，(15)に基づいて紹介する．

#### (1) 検定統計量の計算

2つの母集団からそれぞれ$n_1$個と$n_2$個の標本を抽出し，2群データ$X_1$および$X_2$とする．各群のデータはそれぞれ，$X_{1j}, j = 1\sim n_1, X_{2k}, k = 1\sim n_2$と表す．これらの母集団の分散は等しいとは限らない前提であるので，次の関係を帰無仮説および対立仮説にして検定を行う[16]．

$$H_0: p = P(X_1 < X_2) + \frac{1}{2}P(X_1 = X_2) = \frac{1}{2}, \quad H_1: p \neq \frac{1}{2}$$

もし，$p \neq 1/2$であれば，両群からランダムにデータを取り出したとき，$X_1$か$X_2$のどちらかの値が他方に比べて大きく（あるいは小さく）なる傾向にあることになるが，$p = 1/2$であればそのような傾向はなく，同じ確率となる．

計算は，まず$X_1$と$X_2$を並べて$n$個（$= n_1 + n_2$）とし，各値のこの中での順位を求め$R_{1j}, j = 1\sim n_1, R_{2k}, k = 1\sim n_2$とし，各群の順位の平均を求めて$\bar{R}_1, \bar{R}_2$とする．すなわち，

$$\bar{R}_i = \frac{1}{n_i}\sum_{k=1}^{n_i} R_{ik}, i = 1\sim 2$$

となる．ただし，同順位がある場合は同じ順位（平均値）を取るものとする．次に，各群のデータについて群内で順位付けを行った値を$W_{1j}, j =$

$1\sim n_1, W_{2k}, k = 1\sim n_2$ とする.

　これらの値を用いて, $S_i^2$ を

$$S_i^2 = \frac{1}{n_i - 1}\sum_{k=1}^{n_i}\left(R_{ik} - W_{ik} - \bar{R}_i + \frac{n_i + 1}{2}\right)^2 \quad, i = 1\sim 2$$

と定義し, これから検定統計量 $B$ を

$$B = \frac{n_1 n_2 (\bar{R}_2 - \bar{R}_1)}{(n_1 + n_2)\sqrt{n_1 S_1^2 + n_2 S_2^2}}$$

と求める. この統計量の値は標本サイズ ($n_1$ と $n_2$) が大きければ標準正規分布に近づくので, 正規分布による検定を行うこともできるが, サイズが小さいときには $t$ 分布による検定をブルンナーとムンツェルは提案している. この場合の自由度 $df$ は次式により得られる.

$$df = \frac{(n_1 S_1^2 + n_2 S_2^2)^2}{\frac{(n_1 S_1^2)^2}{n_1 - 1} + \frac{(n_2 S_2^2)^2}{n_2 - 1}}$$

帰無仮説に用いた $p$ の不偏推定量 $\hat{p}$ は

$$\hat{p} = \frac{\bar{R}_2 - \bar{R}_1}{n} + \frac{1}{2}$$

となる (不偏推定量については前著第 2・2・2 項参照).

(2) Rによる計算と検定

　(1) で述べたとおりに R により計算を行い, 検定まで実行してみる. スクリプトは次のようになる.

n1← length(x1); n2← length(x2)

n← n1+n2

x← c(x1,x2)

r← rank(x)

r1← r[1:n1]; r2← r[n1+1:n2]

m1← mean(r1); m2← mean(r2)

```
w1← rank(x1); w2← rank(x2)
s1s← sum((r1-w1-m1+(n1+1)/2)^2)/(n1-1)
s2s← sum((r2-w2-m2+(n2+1)/2)^2)/(n2-1)
B← n1*n2*(m2-m1)/((n1+n2)*sqrt(n1*s1s+n2*s2s))
df← (n1*s1s+n2*s2s)^2/((n1*s1s)^2/(n1-1)+(n2*s2s)^2/(n2-1))
print(B)
print(df)
```

ここで数値例として，表2・2・1のフランス料理店を別の6店に変更したデータ例を表2・2・3に示す．これらのデータを変数x1とx2に代入し，

> x1← c(85,43,53,55,100,36)

> x2← c(48,21,15,60,42,10,35,28)

として，上のスクリプトを実行すると，検定統計$B$および自由度$df$は

> print(B)

[1] -3.386481

> print(df)

[1] 11.60236

表2・2・3　ディナーの平均予算の例2　（単位：百円）

| フレンチ($X_1$) | 85 | 43 | 53 | 55 | 100 | 36 | | |
|---|---|---|---|---|---|---|---|---|
| 順位($R_1$) | 13 | 8 | 10 | 11 | 14 | 6 | | |
| 中華($X_2$) | 48 | 21 | 15 | 60 | 42 | 10 | 35 | 28 |
| 順位($R_2$) | 9 | 3 | 2 | 12 | 7 | 1 | 5 | 4 |

となる．

検定は，まず標準正規分布で行うと

> pnorm(B)

[1] 0.0003539758

となって，非常に小さな確率となることがわかり，表2・2・1のデータの検定の際に用いた仮説$H_0: m_X = m_Y$は棄却され，対立仮説$H_1: m_X \neq m_Y$が成り立つことから，フランス料理と中華料理ではディナーに使う金額に差があるということになる．

この例では標本数が少ないので，次に$t$分布により検定を行ってみると

> pt(B,df)

[1] 0.002825437

となって，有意水準 0.05 以下であるので標準正規分布の場合と同じ結果となる．ただし，確率分布関数の値には 1 桁の差があるので，ブルンナーとムンツェルの提案どおり $t$ 分布を用いた方がよいと考えられる．

### （3）パッケージの関数の利用法

ブルンナー・ムンツェル検定の関数は R では標準の組み込み関数として実装されていないが，パッケージにはその関数 brunner.munzel.test が公開されており，これを用いて表2・2・3の例について検定を行ってみる．ただし，パッケージからの関数の使用法については，前著でも言及していないので，その方法を先に述べる(17)．

R では，新しい手法や高度な手法などの関数はパッケージと呼ばれるライブラリとして，CRAN（The Comprehensive R Archive Network）のサイトにまとめて公開されている．brunner.munzel.test は "lawstat" という名前のパッケージにあるので，

> install.packages("lawstat", dependencies = TRUE)

とすると，ミラーサイトが表示される．ミラーサイトとは元のサイトのサーバにかかる負荷を分散する目的などの理由で，ほとんど同じ内容を持たせたサイトのことである．CRAN は世界中にたくさんのミラーサイトを持っているので，表示されたサイトの中から最も近いと思われるものを選択する．日本では，"Japan(Tokyo)[https]" を選べばよい（2016 年 9 月現在）．すると，パッケージがダウンロードされ，パソコン内に展開される．そこで，

> library(lawstat)

としてパッケージをインストールすれば関数が使用できる状態になる．試しに，

> brunner.munzel.test

とすると関数のソースコードが出力される．

なお，標準パッケージも多数用意されており，

> library( )

とすると，簡単な説明とともに名前が表示される．それらのパッケージはRGuiの「パッケージ」から読み込むことができる．

### （4）パッケージの関数による検定

実際に次のようにして brunner.munzel.test を実行する．

> brunner.munzel.test(x1,x2)

すると，次の結果が得られる．

    Brunner-Munzel Test

data:  x and y

Brunner-Munzel Test Statistic = -3.3865, df = 11.602, p-value = 0.005651

95 percent confidence interval:

 -0.08290154  0.37456821

sample estimates:

P(X<Y)+.5*P(X=Y)

   0.1458333

下線部を見ると，検定統計および自由度の値は（2）で求めた値と一致している．$p$値は両側検定として求められているから，（2）の$t$分布から計算した値が2倍されている．また，二重下線部には$\hat{p}$が出力されており，ここでは記さないが，（2）の各値から計算しても同じ値が得られる．この$\hat{p}$の値は，帰無仮説の$p = 1/2$からはかなり離れており，$X_2$の値が$X_1$より大きくなる確率は低く，$X_1$のグループの方が大きな値となる傾向にあることがわかる．

ただし，（1）における不偏推定量の計算式は文献(14)にあるもので，関数 brunner.munzel.test のソースコードでは

$$\hat{p} = \frac{\bar{R}_2 - (n_2 + 1)/2}{n_1}$$

として求められている．これは，

$$\sum_{k=1}^{n_1} R_{1k} + \sum_{k=1}^{n_2} R_{2k} = n_1 \bar{R}_1 + n_2 \bar{R}_2 = \frac{n(n+1)}{2}$$

の関係を用いれば，同じ式であることが確かめられる．

【問2・2・2】 $\hat{p}$を求める（1）の式と，上述の（4）の式が同じ値になることを確かめよ．

［略解］上述の関係式から，

$$\bar{R}_1 = \frac{1}{n_1}\left\{\frac{n(n+1)}{2} - n_2 \bar{R}_2\right\}$$

として，これを（1）の式の$\bar{R}_1$に代入して変形すればよい．

## 2・3　多群検定

2群や3群以上の複数の群のデータがある場合，一般的にはデータ間には対応がないのが普通であり，対応があるのは特殊なケースといってもよいと考えられる．前節では，前著で既に対応のない2群データに関する検定の一部を取り上げているので，対応のあるデータの場合の検定から先に述べた．本節では，上記の理由から，より一般的なデータの関係である対応のない多群（3群以上）データの検定から始めることにする．

### 2・3・1　クラスカル・ウォリス検定

対応がない多群データのノンパラメトリック検定にはクラスカル・ウォリス検定（Kruskal-Wallis test，K-W testと省略されることもある）がよく用いられる．この手法は3群以上について使用することができるが，2群でも使用可能である[18]．この検定方法について文献[19]をもとに説明する．

（1）検定統計量の計算

まず，帰無仮説$H_0$および対立仮説$H_1$は2群のノンパラメトリック検定（等

分散の仮定ありの場合）と同様に，

> $H_0$：各群間で母代表値（平均値や中央値など）に差はない
> $H_1$：各群間で母代表値（平均値や中央値など）に差がある

とする．

表2・3・1は，ある大学のある学部で英語の授業を，コミュニケーション能力評価テスト対応コース，従来からの授業コース，英会話中心コースの3つのコースに分けて行ったときの，コミュニケーション能力評価テスト（世界共通で行われているもの）の点数を100点満点に換算した例である．

表2・3・1 英語の点数の例1 （100満点換算）

| 対応コース($X$) | 75 | 61 | 82 | 52 | 48 | 76 |
|---|---|---|---|---|---|---|
| 順位($R_1$) | 13 | 11 | 15 | 10 | 6 | 14 |
| 従来コース($Y$) | 45 | 38 | 35 | 65 | 50 | |
| 順位($R_2$) | 5 | 2 | 1 | 12 | 8 | |
| 会話コース($Z$) | 42 | 51 | 39 | 49 | | |
| 順位($R_3$) | 4 | 9 | 3 | 7 | | |

この3群データ（$K=3$とする）の例について，クラスカル・ウォリス検定を適用してみる．与えられたデータ$X, Y, Z$のサイズを$n_1, n_2, n_3$として，それらのデータをまとめた$n(= n_1 + n_2 + n_3)$個全体での順位（昇順）を付けた後，各群の順位データ$R_{1k}, R_{2k}, R_{3k}$をそれぞれ合計し，$S_1, S_2, S_3$とする．ただし，$k$は各順位データの番号を表す添字である．この例では

$$S_1 = \sum_{k=1}^{n_1} R_{1k} = 13 + 11 + 15 + 10 + 6 + 14 = 69$$

$$S_2 = \sum_{k=1}^{n_2} R_{2k} = 5 + 2 + 1 + 12 + 8 = 28$$

$$S_3 = \sum_{k=1}^{n_3} R_{3k} = 4 + 9 + 3 + 7 = 23$$

となる．もし，同順位があれば平均値を取る．

このとき，検定統計量$H$は

$$H = \frac{12}{n(n+1)} \left( \frac{S_1^2}{n_1} + \frac{S_2^2}{n_2} + \frac{S_3^2}{n_3} \right) - 3(n-1)$$

## 2・3　多群検定

と定義され，この例の場合には

$$H = \frac{12}{15 \times 16}\left(\frac{69^2}{6} + \frac{28^2}{5} + \frac{23^2}{4}\right) - 3 \times 14 \approx 6.1275$$

となる．この$H$の値（$H$値という）は近似的に自由度$(K-1)$の$\chi^2$分布に従うから，この分布を用いて検定を行えばよい．このように，この検定は$H$値により行われるので**クラスカル・ウォリス$H$検定**（Kruskal-Wallis $H$ test）とも呼ばれる．

### （2）Rによる計算と検定

表2・3・1の例について実際に（1）のとおりにスクリプトを作り，検定を行ってみる．スクリプトは次のようになる．

```
x1← c(75,61,82,52,48,76)
x2← c(45,38,35,65,50)
x3← c(42,51,39,49)
x← c(x1,x2,x3)
n1← length(x1); n2← length(x2); n3← length(x3)
n← n1+n2+n3
r← rank(x)
s1← sum(r[1:n1]); s2← sum(r[n1+1:n2])
s3← sum(r[n1+n2+1:n3])
H← 12/(n*(n+1))*(s1^2/n1+s2^2/n2+s3^2/n3)-3*(n+1)
cat(" H-value¥n"); print(H)
```

これを実行すると，

```
H-value
[1] 6.1275
```

となって，（1）と同じ値が得られる．

次に，$\chi^2$分布を用いて累積分布を求めると

```
＞K← 3
```

> pchisq(H,K-l,lower.tail=F)

[1] 0.0467122

となり，有意水準 0.05 以下であるので，帰無仮説 $H_0$ は棄却され，3 つのコースの点数は等しいとはいえないと結論される．

### （3）R の組み込み関数による検定

（2）では，（1）で述べたとおりにスクリプトを作成して検定を行ったが，ここでは，R の組み込み関数として用意されている Kruskal.test を用いてみる．

この関数は，各群のデータの値とそれらの所属する群を指定して実行するものであり，実際に

> gun ← rep(1:K,c(n1,n2,n3))

と指定して検定を行うと

> kruskal.test(x~gun)

   Kruskal-Wallis rank sum test

data: x by gun

Kruskal-Wallis chi-squared = 6.1275, df = 2, p-value = 0.04671

の結果が得られ，（2）の結果と等しいことがわかる．ここで，1 行目の関数 rep は 1 から $K$ までの整数値をそれぞれ $n_1, n_2, n_3$ 個ずつ繰り返すもので，

> gun ← c(rep(1,n1),rep(2,n2),rep(3,n3))

と同様である．

［補足］ 関数 kruskal.test のパラメータにデータを渡す場合は，データの値とそれらの所属する群を指定する必要がある．上述の実行例では，データ値は関数 c により $x1, x2, x3$ を結合し，所属群は rep を用いて変数 $gun$ を作成して，これらを引数とした．このように，データ値と所属群を用いる場合が統計分析ではよくあるが，R では stack という関数により簡単に作成することができる．次にスクリプトの例を示す．

x1 ← c(1,2); x2 ← c(3,4)

## 2・3 多群検定

```
s← stack(list(A=x1,B=x2))
attach(s)
kruskal.test(values~ind)   #attach により kruskal.test(s$values=s$ind)を省略
```

これを実行すれば，クラスカル・ウォリス検定を行うことができる．関数 stack により $x1$ は A, $x2$ は B グループとして次のようなデータに変換される．

|   | values | ind |
|---|---|---|
| 1 | 1 | A |
| 2 | 2 | A |
| 3 | 3 | B |
| 4 | 4 | B |

関数 attach は，変数名 $s$ を省略するために用いた（関数 detach でこの設定は解除される）．関数 unstack を用いれば，

```
> unstack(s)
   g1 g2
1  1  3
2  2  4
```

となる．

文献(18)によれば，2群データの場合のクラスカル・ウォリス検定の結果と，マン・ホイットニーの $U$ 検定の結果は一致する（ただし，後者においては正規分布近似を用い，さらに連続性の補正を行わない場合に限る）．

【問2・3・1】 表2・3・2は表2・3・1の例において，コースをコミュニケーション能力評価テスト対応コースと従来からの授業コースの 2 コースとし，対象とした学生数も同数としたものである．この場合について，表2・3・1の場合と同様の仮説を立てて検定を行え．ただし，クラス

表2・3・2 英語の点数の例2 （100 点満点換算）

| 対応コース($X$) | 75 | 61 | 82 | 52 | 48 |
|---|---|---|---|---|---|
| 順位($R_1$) | 9 | 7 | 10 | 6 | 4 |
| 従来コース($Y$) | 45 | 38 | 35 | 65 | 50 |
| 順位($R_2$) | 3 | 2 | 1 | 8 | 5 |

カル・ウォリス検定とマン・ホイットニーの $U$ 検定の2通りの手法を用いることにし，それぞれの検定は関数 kraskal.test, wilcox.test を利用して，同じ結果が得られることを確かめよ．

[略解] 変数 $x_1$ と $x_2$ にデータを代入した後，次のようにすればよい．

　マン・ホイットニーの $U$ 検定：wilcox.test(x1,x2,exact=F,correct=F)

　クラスカル・ウォリス検定：kruskal.test(x~gun)

ただし，変数 $x$ には（2）で述べた全データが，$gun$ には（3）の所属群がそれぞれ得られているものとする．結果は，どちらも $p$ 値として 0.0758 が得られる．

### （4）同順位の補正

　順位付けを行った後に，同順位の個数が多いときにはこれに対する次の補正が必要となる[19]．

$$C = 1 - \frac{\tau}{n(n^2-1)} \;,\; \tau = \sum_{k=1}^{L}(t_k^3 - t_k) \;,\; H_C = \frac{H}{C}$$

ここで，$H_C$ は修正された $H$ 値を表し，$L$ は同順位を除く順位の個数，$t_k$ は各順位の重複度である．表2・3・2の例では同順位はないから補正は必要ないが，もし数個の同順位があれば R では次のようにすればよい．

　tr ← table(r)

　tau ← sum(tr^3-tr)

　Hc ← H/(1-tau/(n*(n^2-1)))

　関数 kruskal.test ではこの補正は行われないので，wilcoxon.test のようなパラメータ exact の指定はない．また，連続性の補正も必要ないので，correct も指定しない．

### （5）正確確率表による検定

　これまで述べてきたクラスカル・ウォリス検定は，$\chi^2$ 分布を用いた近似的な計算法による検定であった．しかし，データが3群で各群のサイズが小さいと

き（5 以下）は**正確確率表**（exact probability table）と呼ばれる表を用いること
が推奨されている[20]．本書では，この表は紙数の都合上割愛するが，文献(19)
には群数が 3 と 4 の場合の正確確率表へのリンクがあり，それ以外にもたとえ
ば，文献(21)などのようにインターネット上の国内外の文献等で容易に見つけ
ることができる．

　この表はウィルコクソンの符号順位検定やマン・ホイットニー $U$ 検定の場合
の棄却限界値と同様の値を与えるもので，検定統計量と表の限界値を比較する
ことによって検定は行われる．棄却限界値の求め方に関しては本書では言及し
ないが，文献(22)にはその計算アルゴリズムが示されている．

　R では，パッケージ"NSM3"に含まれている関数 cKW により棄却限界値を求
めることができる[23]．この関数の使用法について説明する．まず，第 2・2・2
項のブルンナー・ムンツェル検定のところで述べたように，パッケージ"NSM3"
を

> install.packages("NSM3",dependencies=TRUE)

> library(NSM3)

とインストールする．これで関数 cKW が使用できるようになるので，表 2・3・
1 の場合には 3 群データのサイズがそれぞれ 6,5,4 であるから

> cKW( 0.05, c(6,5,4), method="Exact")

とすると

　Group sizes: 6 5 4

　For the given alpha=0.05, the upper cutoff value is Kruskal-Wallis <u>H=5.66083333</u>,
　with true alpha level=0.0499

となって，有意水準 0.05 で 5.66 の棄却限界値（下線部）が得られる．この値
は，文献(19)および(21)に掲載された棄却限界値表の値と一致している．ただ
し，サンプルのサイズが大きくなると計算時間がかかり，たとえばサイズが 16,
15, 14 の場合でも膨大な計算を要するので，このような場合にはパラメータ

method を"Monte Carlo"としてモンテ・カルロ法(Monte Carlo method)と呼ばれる近似計算を用いた方がよい[20].

棄却限界値を用いた正確な検定法で表2・3・1の場合の検定(正確検定)を行ってみると,上述のとおり棄却限界値は約 5.66 であるのに対し,$H$値は 6.1275 であったので帰無仮説は棄却され,$\chi^2$分布による近似の場合と同様である.

(6) パッケージの関数を用いた検定

パッケージ"kSamples"にある関数 qn.test を用いても,クラスカル・ウォリス検定を行うことができる[18].

&gt; install.packages("kSamples",dependencies=TRUE)

&gt; library(kSamples)

としてインストールした後,

&gt; qn.test(x1,x2,x3,test="KW",method="exact",Nsim=1000000)

とすれば,

 Kruskal-Wallis k-sample test.

 Number of samples: 3

 Sample sizes: 6, 5, 4

 Number of ties: 0

 Null Hypothesis: All samples come from a common population.

  test statistic asympt. P-value  exact P-Value

   6.12700   <u>0.04671</u>    <u>0.03856</u>

 Warning: At least one sample size is less than 5,

  asymptotic p-values may not be very accurate.

の結果が出力され,(2),(3)で得られた値と同じ$p$値 0.04671(下線部)が求められる.ただし,パラメータ$x_1, x_2, x_3$には(2)のデータが代入されているものとする.パラメータ test に"KW"と指定するとクラスカル・ウォリス検定となる.Nsim にはシミュレーションの反復回数を設定する.この回数を多くす

## 2・3 多群検定

ることで「正確な」$p$値（正確$p$値, exact $p$-value）を求めることができる（二重下線部）．$\chi^2$分布近似による$p$値（漸近$p$値, asymptotic $p$-value）とこの正確$p$値は異なり，その差は

&gt; rs←qn.test(x1,x2,x3,test="KW",method="exact",Nsim=1000000)

&gt; e←rs[[6]][[2]]-rs[[6]][[3]]

&gt; print(e)

[1] 0.008150757

となり，無視できない大きさである．ここで，結果の取り出しには，$rs$が

&gt; typeof(rs)

[1] "list"

とリストであるため，

&gt; str(rs)

List of 10

  $ test.name: chr "Kruskal-Wallis"

  $ k       : int 3

  $ ns      : int [1:3] 6 5 4

  $ N       : int 15

  $ n.ties  : int 0

  $ qn      : Named num [1:3] 6.1275 0.0467 0.0386

   ..- attr(*, "names")= chr [1:3] "test statistic" " asympt. P-value" "exact P-Value"

  $ warning  : logi TRUE

  $ null.dist: NULL

  $ method   : chr "exact"

  $ Nsim     : num 1e+06

 - attr(*, "class")= chr "kSamples"

として関数 str によりその構造を調べ，6番目あるいは要素名"qn"で$p$値を取り

出すことができる．リストの要素の取り出しには rs[[6]][[2]]，あるいは rs[["qn"]][[" asympt. P-value"]]などとすればよい．

クラスカル・ウォリス検定を行う場合，既存の関数やソフトウェアを用いる際には，得られた$p$値が漸近近似を用いたものか，あるいは「正確な」値によるものかを知っておく必要があると文献(18)に述べられている．

### 2・3・2　フリードマン検定

対応のある多群データ（3群以上）の検定には**フリードマン検定**（Friedman test，あるいは Friedman rank sum test）を用いることができる．この手法は，この目的の検定法の中では最もよく知られているものである[24]．ここでは，この手法について手順を主に難解，冗長にならない範囲で説明したい．実際の応用に当たって，詳細な説明が必要な際は，巻末の文献を参照していただきたい．

### （1）検定統計量の計算

この検定における帰無仮説$H_0$と対立仮説$H_1$はクラスカル・ウォリス検定の場合と同じく，

> $H_0$：各群間で母代表値（平均値や中央値など）に差はない
> $H_1$：各群間で母代表値（平均値や中央値など）に差がある

とする（正確には，順位に基づく検定では平均順位に差があるかどうかの検定となるが，上記のように考えた方がわかりやすい）．対応のある多群データの例でよく見かけられるのは，数人の被験者に対して一定時間ごとに薬や治療，あるいは施術などを行った効果を見たり，複数のサンプルに対して異なった試薬の影響を調べる実験などの評価に用いるものである．ここでは，次の例を用いて説明を行う．

表2・3・3はある学校のクラスでの学生による授業評価の例である．このクラスの講義を担当している6名の教員の授業評価を10点満点で学生全員に採点してもらい，その結果を学生の成績の上位者，中位者，下位者に分けて平均

を取ったのがこの表の値である．学生の成績によって，授業評価の点数に差があるかどうか検定する．

まず，サンプル数$n(=6)$の各教員について，群数$k(=3)$の中での順位付けを行う（同順位の場合は平均値を取る）．この順位を$R_{ij}, i=1\sim n, j=1\sim k$として，各群における順位の合計$S_j$を

表2・3・3　学生による教員の授業評価の例（最高10点）

| 教員($X$) ＼ 学生($y$) | 上位者($y_1$) | 中位者($y_2$) | 下位者($y_3$) |
|---|---|---|---|
| A教員($X_1$) | 8.8 | 7.3 | 7.7 |
| 順位($R_1$) | 3 | 1 | 2 |
| B教員($X_2$) | 8.6 | 7.1 | 6.3 |
| 順位($R_2$) | 3 | 2 | 1 |
| C教員($X_3$) | 9.2 | 8.7 | 8.9 |
| 順位($R_3$) | 3 | 1 | 2 |
| D教員($X_4$) | 9.7 | 9.1 | 8.5 |
| 順位($R_4$) | 3 | 2 | 1 |
| E教員($X_5$) | 9.3 | 7.8 | 8.1 |
| 順位($R_5$) | 3 | 1 | 2 |
| F教員($X_6$) | 7.9 | 8.2 | 7.2 |
| 順位($R_6$) | 2 | 3 | 1 |

$$S_j = \sum_{i=1}^{n} R_{ij}, j = 1\sim k$$

と計算すると，

$$S_1 = 3+3+3+3+3+2 = 17, \ S_2 = 1+2+1+2+1+3 = 10$$
$$S_3 = 2+1+2+1+2+1 = 9$$

となる．これらの値を用いて，検定統計量$\chi_F^2$は

$$\chi_F^2 = \frac{12}{nk(k+1)} \sum_{j=1}^{k} S_j^2 - 3n(k+1)$$
$$= \frac{12}{6\times 3 \times 4}(17^2 + 10^2 + 9^2) - 3\times 6 \times 4 \approx 6.3333$$

と求めることができる[25]．

$\chi_F^2$の値は自由度$df = k-1 = 2$の$\chi^2$分布で近似することができるから，$P(\chi_F^2 \geq x) \approx 0.0424$より，有意水準を$\alpha = 0.05$とすれば，帰無仮説は棄却される．したがって，表2・3・3の場合は，学生の成績によって教員の授業評価

には差があるといえる．

［補足］　フリードマン検定は，一般には上述の手順により行われるが，文献(24), (26)には，ここで使用されている$\chi^2$分布近似は，経験的には$n>10, k>5$の十分大きな値に対して成り立つもので，小さな値の問題に対しては正確な棄却限界値が求められていると指摘してある※．同じ文献に，$\chi_F^2$の式から導出された

$$F_F = \frac{(n-1)\chi_F^2}{n(k-1)-\chi_F^2}$$

の$F_F$が自由度 $(k-1, (k-1)\times(n-1))$の$F$分布に従うことを利用し，この値を検定統計量として検定を行った方がよりよい近似になると提案されているとの記述もある．

## （2）Rによる計算と検定

　この検定手法をよく理解するために，統計量の計算と検定をRにより行ってみる．以下に，スクリプトを示す．

　まず，データを変数$x1, x2, x3$に代入して，それらを結合して1つの変数$x$にする．ここでは，関数 as.matrix を用いて$x$を行列$xm$にしているが，$x$のままでもよい．

　　x1← c(8.8,8.6,9.2,9.7,9.3,7.9)

　　x2← c(7.3,7.1,8.7,9.1,7.8,8.2)

　　x3← c(7.7,6.3,8.9,8.5,8.1,7.2)

　　x← cbind(x1,x2,x3); xm← as.matrix(x)

　　n← nrow(xm); k← ncol(xm)

次に，これらの値を用いて検定統計量を計算する．

---

※ この限界値については，インターネット上で"フリードマン検定（Friedman test）"+"検定表（critical value table）"の and 検索をすれば見つけることができる．

## 2・3 多群検定

```
rm ← matrix(0,nrow=n,ncol=k)
for(i in 1:n)
    rm[i,] ← rank(xm[i,])
r ← colSums(rm)
chi2 ← 12/(n*k*(k+1))*sum(r^2)-3*n*(k+1)
cat("chi2=¥n"); print(chi2)
```

ここで，関数 colSums は行列の列の和を取る関数である（同様に行の和を取る場合は rowSums を用いる）．

ここまでのスクリプトを実行すると，検定統計量の計算結果

```
chi2=
[1] 6.333333
```

が得られ，(1)で求めた値と一致している．この値に対する $\chi^2$ 分布の累積分布関数の値は

```
pv ← pchisq(chi2,k-1,lower.tail=F)
cat("p-value=¥n"); print(pv)
```

で計算でき，(1)の値と同じく

```
p-value=
[1] 0.04214384
```

となって，帰無仮説は棄却となる．

【問2・3・2】 (1)で述べた検定統計量 $F_F$ を計算して，$F$ 分布により $p$ 値を求めるスクリプトを作成し，検定を行え．

[略解] 上述の chi2 まで求められているとする．スクリプトは次のようになる．

```
ff ← (n-1)*chi2/(n*(k-1)-chi2)
pv ← pf(ff,k-1,(k-1)*(n-1),lower.tail=F)
```

これを実行して $pv$ を出力すると，$p$ 値は 0.02348184 となり，帰無仮説は棄却される．

## （3）Rの組み込み関数による検定

フリードマン検定はRの組み込み関数 friedman.test により行うことができる．この関数を実行するには，（2）の変数$x$（あるいは行列$xm$）への代入が終わっていれば，

> friedman.test(x)　　#xm を引数に与えてもよい

とすると，

　　　　　Friedman rank sum test

data:　x

<u>Friedman chi-squared = 6.3333</u>, <u>df = 2</u>, <u>p-value = 0.04214</u>

が出力され，検定統計量とその累積分布関数値は（1）および（2）の結果と同じであることが確認できる（下線部）．

## （4）同順位の補正

多群データが与えられ，（1）の手順でフリードマン検定を行う際，もし同順位の個数が多いようであれば，補正を加えた方がよいと指摘されている[25]．この文献[25]に示されている補正法を紹介する．

同順位を除いた順位の個数$L$を，各同順位の重複度を$t_i$とすると，

$$C = 1 - \frac{\tau}{n(k^3-k)} \quad , \tau = \sum_{i=1}^{L}(t_i^3 - t_i)$$

$$\chi_C^2 = \frac{\chi_F^2}{C}$$

として，修正された検定統計量$\chi_C^2$が得られる．

Rのスクリプトにすると，次のようになる．

tau ← 0

for(i in 1:n){

　　tr ← table(rm[i,])

　　tau ← tau+sum(tr^3-tr)}

## 2・3 多群検定

c ← 1-tau/(n*(k^3-k))

chi2 ← chi2/c

cat("chi2=¥n"); print(chi2)

pv ← pchisq(chi2,k-1,lower.tail=F)

cat("p-value=¥n"); print(pv)

　表2・3・3の場合は同順位はないが，もしF教員の成績下位者による評価が7.2ではなく8.2であったとすれば，この教員への評価値には同順位が生じる．このときの補正した検定統計量を求めてみる．$x3$のデータが

x3 ← c(7.7,6.3,8.9,8.5,8.1,<u>8.2</u>)

と変更されているとして（下線部），（2）の$chi2$および$pv$の計算まで行うと，

chi2=

[1] 4.083333

p-value=

[1] 0.1298122

となって，この場合は帰無仮説は棄却できない．次いで，上記の補正を行うと，

chi2=

[1] 4.26087

p-value=

[1] 0.1187856

となり，検定統計量が補正され，累積確率分布の値にも変化が生じていることが確認できる．

　同じ同順位のあるデータで組み込み関数 friedman.test を実行してみると，

> friedman.test(x)

　　　　　Friedman rank sum test

data:  x

Friedman chi-squared = 4.2609, df = 2, p-value = 0.1188

となって，同順位の補正がされていることがわかる．

**（5）ケンドールの一致係数**

本項で説明したように，フリードマン検定は多群データの母代表値の比較を行い，群間において差が認められるかどうかを調べるものであった．この比較を**一致係数**（coefficient of concordance）と呼ばれる数値として表し，その大きさによって行う手法がある．その指標はいくつも提案されているが，ここでは**ケンドールの一致係数**（Kendall's coefficient of concordance，KCC と省略されることもある）について簡単に触れておく．

この係数は一般的に $W$ と表記されることから，**ケンドールの $W$**（Kendall's $W$）という呼び方もある．$W$ は 0 から 1 までの間の値を取り，値が大きいほどデータの群間の一致する程度も大きくなることを表すので，指標としてわかりやすいものである．この値の計算法はフリードマン検定の検定統計量 $\chi_F^2$ の求め方と共通しており，

$$W = \frac{\chi_F^2}{n(k-1)}$$

の関係がある．したがって，フリードマン検定を行う際に，ケンドールの一致係数も計算して，群間の関係を大まかに把握するとよい．

R では，（2）で chi2 を求めた後であれば，

> w ← chi2/(n*(k-1))

> cat("W=¥n"); print(w)

とすると，

W=

[1] 0.5277778

と出力される．したがって，この場合は，あまり群間の一致度は高くなく，中程度の一致といえる（係数の解釈については前著第 1・1・3 項の表 1・1・1 3 参照）．（3）の組み込み関数を用いる場合は，

## 2・3 多群検定

```
> rs ← friedman.test(x)
> names(rs)
[1] "statistic" "parameter" "p.value"   "method"    "data.name"
> chi2 ← as.numeric(rs$statistic)
> w ← chi2/(n*(k-1))
> cat("W=¥n"); print(w)
```

とすれば同じ結果が得られる[※]．関数 as.numeric はリスト型を実数型に変換する関数である（第2・1・3項参照）．

**【問2・3・3】** 表2・3・4は，第2・1・1項の問2・1・1で平均値の差の検定を行った表2・1・2について，さらに『観光庁統計情報白書』から H27年12月の外国人宿泊者数のデータを追加したものである．この表のデータを対応のある3群データとして，Rの組み込み関数 friedman.test で同問と同様の検定を行え．また，ケンドールの一致係数を求め，3群間の一致度の傾向を調べよ．

表2・3・4 九州地方の外国人宿泊者数の変化（単位：千人）

|  | 韓国 | 中国 | 香港 | 台湾 | シンガポール | タイ | インド |
|---|---|---|---|---|---|---|---|
| 震災後(H28.6) | 87.5 | 46.4 | 42.3 | 78.3 | 5.5 | 7.5 | 4.1 |
| 震災前(H27.12) | 194.2 | 58.4 | 60.1 | 76.3 | 19.5 | 23.3 | 0.9 |
| 震災前(H27.6) | 108.4 | 55.7 | 47.2 | 106.9 | 7.4 | 13.7 | 0.8 |

（国土交通省観光庁統計情報白書から，宿泊旅行統計調査をもとに作成）

[略解]（1）で設定した帰無仮説を用いることにして，表の3群データをそれぞれ変数 $x1, x2, x3$ に代入した後に，次に示すスクリプトを実行する．

```
x ← cbind(x1,x2,x3)
xm ← as.matrix(x)
```

---

[※] M.V. Wickerhauser によれば，R の基本的なパッケージにはケンドールの $W$ を求める関数はないとのことであるが，彼自身による関数 kendall.w がインターネット上で公開されている[26]．この関数を用いて表2・3・3の例について計算を行い，本文中の結果と等しいことを確認した．

```
n ← nrow(xm); k ← ncol(xm)
rs ← friedman.test(xm)
chi2 ← as.numeric(rs$statistic)
w ← chi2/(n*(k-1))
cat("p-value=¥n"); print(rs$p.value)
cat("W=¥n"); print(w)
```

すると，次の結果が得られ，帰無仮説は棄却されず，3群のデータ間に差は認められないことになる．$W$の値からは，一致度は低いことがわかる．

```
p-value=
[1] 0.1017014
W=
[1] 0.3265306
```

［補足］ フリードマン検定では，順位付けを各標本に対して別々に行っているが，前項のクラスカル・ウォリス検定のように，全体を通した順位付けをした方がよい結果が得られるとして，改良を加えた方法が提案されており[24],[28]，フリードマンの整列ランク検定（Friedman aligned rank test）と呼ばれている．Rの関数 friedmanAlignedRanksTest もパッケージ"scmamp"[29]に公開されている．

### 2・3・3 多重比較

多群検定により帰無仮説が棄却されて，各群の母代表値に有意差（差がない確率が有意水準以下であること，換言すれば，差がある確率が信頼係数以上であること）があるとわかった場合には，続けて群内における比較が行われることが多く，これを**多重比較**（multiple comparison）という．多重比較は，多群検定の前に行われる場合もあって，このことは**事前比較**（a priori comparison あるいは a priori test）と呼ばれるが，多群検定の後で行う**事後比較**（post-hoc comparison あるいは post-hoc test）の方が一般的である．多重比較のうちで，どの群と群の間に差があるかについて比較を行う場合は，**一対比較**または**対比較**（pairwise comparison）と呼ばれる[30]．ここでは，本節で取り上げたクラスカル・ウォリス検定とフリードマン検定について，事後比較として行われる一対比較について説明する．この目的のために数多くの手法が提案されているが，まずは R の組み込み関数を用いて行うことができるもの，次いでパッケージの関数を用いて行うものから，それぞれ主な手法を紹介する．

**（1）Rの組み込み関数による比較1（対応のない場合，ボンフェローニ法）**

　クラスカル・ウォリス検定を行って，有意差があるという結果が出たら，R の組み込み関数 pairwise.wilcox.test を用いて事後比較を行うことができる．その手法としては，パラメータ p.adj に"bonferroni"（または"bonf"）と指定すれば**ボンフェローニの方法**（またはボンフェローニの調整法，Bonferroni method または Bonferroni correction）が，"holm"とすれば**ホルムの方法**（Holm correction）が採られる[31],[32]．ほかにもいくつかの手法を指定することができるが，文献(33)に詳細な記載があることのみ記し，ここではその他の手法については省略する．

　多重比較を行う場合には，群間における一対比較の回数は組み合わせの数だけあり，それぞれの比較において立てられる帰無仮説の集合のことを**帰無仮説族**（family of null hypothesis）と呼ぶ[34]．一対比較を何回も繰り返すことにより，第1種の誤り（前著第2・3・1項参照）の確率が増加する．この確率のことを**ファミリーワイズエラー率**（familywise error rate）という[35]．ボンフェローニの方法は，比較の回数で有意水準$\alpha$の値を割ることにより，この影響を抑えるものである．必要な一対比較の回数は群数を$k$とすれば$m = k(k-1)/2$回であり，すべての比較において有意水準は$\alpha/m$と設定され，帰無仮説が棄却されるための条件は厳しくなる．

第2・3・1項の（1）で用いた表2・3・1の例をもう一度取り上げる．この場合の比較回数は$m=3$である．同項（3）のように，変数$x$（$x1, x2, x3$を1つにまとめたもの）と$gun$にそれぞれ与えられたデータと所属の群が代入されているものとする．このとき，

> pairwise.wilcox.test(x,gun,p.adj="bonferroni",exact=F)

とすると，次の結果が得られる．

Pairwise comparisons using Wilcoxon rank sum test

data:  x and gun

|   | 1 | 2 |
|---|---|---|
| 2 | 0.17 | - |
| 3 | 0.13 | 1.00 |

P value adjustment method: bonferroni

この結果は，$x1$と$x2$の$p$値は0.17，$x1$と$x3$の$p$値は0.13，$x2$と$x3$の$p$値は1.00ということである．これらの値の意味を次に説明する．

クラスカル・ウォリス検定の事後比較は，マン・ホイットニーの$U$検定を何度も繰り返すことにより行われ[31]，関数 pairwise.wilcox.test でもそのような処理がなされる．そこで，第2・2・1項のマン・ホイットニーの$U$検定を用いて，各群のデータの一対比較を行ってみる．

> wilcox.test(x1,x2,exact=F,paired=F)

とすると，

Wilcoxon rank sum test with continuity correction

data:  x1 and x2

W = 26, p-value = 0.05523

alternative hypothesis: true location shift is not equal to 0

が得られ，$p$値は 0.05523 である．同様に，$x1$と$x3$では 0.04283，$x2$と$x3$は 0.9025 となり，これらを表にすると表2・3・5のようになる．これらの値に一

対比較の回数 $m$ (= 3) を乗じると，それぞれ 0.16569, 0.12849, 2.7075 となり (同表右欄の回数倍の数値)，1 以上の値は 1 として，四捨五入すれば pairwise.wilcox.test の結果と一致する．

表2・3・5 対応のない場合の一対比較の例（ボンフェローニ法）

|  | 群1 | | 群2 | |
| --- | --- | --- | --- | --- |
|  | $p$値 | 回数倍 | $p$値 | 回数倍 |
| 群2 | 0.05523 | 0.16569 | ― | ― |
| 群3 | 0.04283 | 0.12849 | 0.9025 | 2.7075 |

R では有意水準を $1/m$ 倍して表示する代わりに，$p$ 値を $m$ 倍してしていることに注意が必要である．上記の結果から，一対比較では $x1$ と $x3$ の間の関係に有意差が認められるが，ボンフェローニ法を用いた多重比較では有意水準が低く設定されるため，$x1$ と $x3$ の関係が小さく出てはいるものの，有意水準以下にはなっていないことがわかる．

なお，pairwise.wilcox.test のパラメータ p.adj に"none"と指定して実行すれば，調整は行われず，マン・ホイットニーの $U$ 検定と同じ $p$ 値が得られる．

## （2）R の組み込み関数による比較2（対応のない場合，ホルム法）

ホルムの方法はボンフェローニ法の改良であるため，ホルム・ボンフェローニ法 (Holm-Bonferroni method または Holm-Bonferroni correction) と呼ばれることもある．ボンフェローニ法では全比較において，有意水準 $\alpha$ は比較回数 $m$ で割った $\alpha/m$ が用いられ，厳しい条件であった．ホルムの方法では，これをやや緩めて，すべての一対比較を行った後に，最小の $p$ 値に対しては $\alpha/m$ の有意水準を適用するものの，次に小さい $p$ 値には $\alpha/(m-1)$ の適用と，順次割る数を減らしていく[35],[36]．

表2・3・1の例について pairwise.wilcox.test を実行すると，

```
> pairwise.wilcox.test(x,gun,p.adj="holm",exact=F)
```

　　　Pairwise comparisons using Wilcoxon rank sum test

　data:　x and gun

|   | 1 | 2 |
|---|---|---|
| 2 | 0.13 | - |
| 3 | 0.13 | 0.90 |

P value adjustment method: holm

となって，$x1$と$x2$および$x1$と$x3$の$p$値は 0.13，$x2$と$x3$の$p$値は 0.90 であり，(1) の場合と同じく，有意差は認められない．

この方法も (1) と同じく，マン・ホイットニーの $U$ 検定を繰り返して実行した場合と同じ$p$値となるので，表2・3・5の一対比較（回数倍する前）と同値となる．ここで，これらの値を降順に順位付けして，$p$値に順位を乗じると表2・3・6のようになる．しかしこれでは，本来2番目に小さいはずの$x1$と$x2$の$p$値 (0.11046) が，最小値である$x1$と$x3$の$p$値 (0.12849) よりも小さくなって順序が入れ替わってしまう．そこで，0.11046 は 0.12849 を下回らないように，0.12849 と修正する．こうして四捨五入した値が pairwise.wilcox.test の値である．ボンフェローニ法に比べると，最小値以外の$p$値は若干小さくなっていることが確かめられる．

表2・3・6 対応のない場合の一対比較の例（ホルム法）

|  | 群1 | | | 群2 | | |
|---|---|---|---|---|---|---|
|  | $p$値 | 順位 | 順位倍 | $p$値 | 順位 | 順位倍 |
| 群2 | 0.05523 | 2 | 0.11046 | - | - | - |
| 群3 | 0.04283 | 3 | 0.12849 | 0.9025 | 1 | 0.9025 |

なお，(1) の場合も同様であるが，pairwise.wilcox.test のソースコードを見ると，一対比較の$p$値に対する調整は関数 p.adjust を用いて行われている．たとえば，上記の例では，

> pv ← c(0.05523, 0.04283, 0.9025)

> p.adjust(pv, method="holm")

[1] 0.12849  0.12849  0.90250

と得られる．

(3) Rの組み込み関数による比較3（対応のある場合）

## 2・3 多群検定

　ここでは，フリードマン検定で有意差が認められた後に行う事後比較を取り扱う．Rの組み込み関数では，(1)，(2) と同じく関数 pairwise.wilcox.test を用いることができ，ボンフェローニ法とホルム法を取り上げる．計算例も，第2・3・2項の表2・3・3の例を用いる．

　(1) と同様に，変数 $x1, x2, x3$ とこれらをまとめた変数 $x$，各データの所属するグループの変数 $gun$ が与えられているものとする．このとき，

> pairwise.wilcox.test(x,gun,p.adj="bonferroni",exct=F,paired=T)

とすればボンフェローニ法を用いて，

> pairwise.wilcox.test(x,gun,p.adj="holm",exct=F,paired=T)

ではホルム法により多重比較が行われる．前者の実行結果は，

```
        Pairwise comparisons using Wilcoxon signed rank test

data:   x and gun

      1       2
2   0.175   -
3   0.094   1.00

P value adjustment method: bonferroni
Warning message:
In wilcox.test.default(xi, xj, paired = paired, ...) :
  cannot compute exact p-value with ties
```

となる．

　これらの値は，ウィルコクソンの符号順位検定による一対比較を，群数の組み合わせの回数だけ行い，得られた $p$ 値にボンフェローニの調整を施したものである．実際に，$x1$ と $x2$ について関数 wilcox.test で一対比較を行ってみると，

> wilcox.test(x1,x2,paired=T)

```
        Wilcoxon signed rank test with continuity correction

data:   x1 and x2
```

```
V = 20, p-value = 0.05848
alternative hypothesis: true location shift is not equal to 0
Warning message:
In wilcox.test.default(x1, x2, paired = T) :
  cannot compute exact p-value with ties
```

となり，$p$値 0.05848 が得られる．同様に，すべての組み合わせについて行えば，表2・3・7のようになる．ここで得られた$p$値を比較回数である3倍して，四捨五入，および1以上を1とすれば pairwise.wilcox.test の結果と同じになる（表2・3・7の回数倍欄）．

表2・3・7　対応のある場合の一対比較の例

|  | 群1 | | | | 群2 | | | |
|---|---|---|---|---|---|---|---|---|
|  | $p$値 | 順位 | 回数倍 | 順位倍 | $p$値 | 順位 | 回数倍 | 順位倍 |
| 群2 | 0.05848 | 2 | 0.17544 | 0.11696 | − | − | − | − |
| 群3 | 0.03125 | 3 | 0.09375 | 0.09375 | 0.4375 | 1 | 1.3125 | 0.4375 |

次に，ホルム法による pairwise.wilcox.test の実行結果は，

```
        Pairwise comparisons using Wilcoxon signed rank test
data:  x and gun
    1       2
2   0.117   -
3   0.094   0.438
P value adjustment method: holm
Warning message:
In wilcox.test.default(xi, xj, paired = paired, ...) :
  cannot compute exact p-value with ties
```

となる．これらの$p$値を，ウィルコクソンの符号順位検定による一対比較で得られた$p$値に，順位付け（降順）を行って，順位を乗じたものと比較してみる（表

2・3・7の順位欄および順位倍欄).  x1とx3のp値が3倍, x1とx2が2倍, x2とx3は1倍された値は, pairwise.wilcox.test による実行結果と一致している.

**(4) パッケージの関数による事後比較1（対応のない場合）**

　クラスカル・ウォリス検定の事後比較を, パッケージ"**PMCMR**"[37]の関数を使用して行ってみる. ここでは, **ネメン二法**（Nemenyi method あるいは Nemenyi test）を取り上げ, 文献(38)にあるこのパッケージの説明に基づいて述べる. ただし, この方法は, クラスカル・ウォリス検定の結果で有意差が認められた場合に使用することを条件とする.

　ネメン二法は, **テューキー検定**（あるいは**テューキー・クレーマー検定**, Tukey test, Tukey-Kramer test, チューキーと表されることもある）と呼ばれる方法と同様の手法であり[26]. 第2・3・1項の表2・3・1の例を用いて説明すると, まず, データ全体から求めた順位の各群の和$S_1, S_2, S_3$について,

$$d_{ij} = \frac{\sqrt{2}|\bar{S}_i - \bar{S}_j|}{\sqrt{\{\frac{n(n+1)}{12}\}\{\frac{1}{n_i} + \frac{1}{n_j}\}}}$$

を計算する. ただし, $\bar{S}_i$, $\bar{S}_j$および$n_i$, $n_j$は, 群$i$, $j$における順位和の平均値およびデータ数である. この$d_{ij}$の値と確率点$q(k,\alpha)$を比較し, $d_{ij} > q(k,\alpha)$であれば帰無仮説は棄却される. ここで, $q(k,\alpha)$は群数$k$, 有意水準$\alpha$として求めた**ステューデント化された範囲の分布**（studentized range distribution）の上側確率点を表す. ステューデント化（スチューデント化とも書く）とは, 標本から得られた値（ここでは平均順位の差）を, 同じく標本から推定された母標準偏差で割って標準化することであり,「ステューデント」はイギリスの統計家 W. S. Gosset の筆名に由来している[39].

　R で実際に計算するには, まずパッケージを次のようにしてインストールする必要がある.

> install.packages("PMCMR",dependencies=TRUE)

> library(PMCMR)

これで，ネメンニ法による事後比較の関数 posthoc.kruskal.nemenyi.test を実行することができるので，第2・3・1項の（3）のとおり，変数$x$と$gun$にそれぞれデータの値と所属する群が代入されているものとして，

> posthoc.kruskal.nemenyi.test(x,gun)

とすると，次の結果が得られる．

Pairwise comparisons using Tukey and Kramer (Nemenyi) test
with Tukey-Dist approximation for independent samples

data: x and gun

|   | 1 | 2 |
|---|---|---|
| 2 | 0.075 | - |
| 3 | 0.114 | 0.999 |

P value adjustment method: none

この結果から，群1と2の間の$p$値がかなり小さくなることがわかる（有意水準以下ではない）．ここで得られた$p$値を上記の$d_{ij}$の式から直接計算してみよう．スクリプトを

r← rank(x)

r1← r[1:n1]; r2← r[n1+1:n2]; r3← r[n1+n2+1:n3]

s1← sum(r1)/n1; s2← sum(r2)/n2; s3← sum(r3)/n3

y12← sqrt(2)*abs(s1-s2)/sqrt((n*(n+1)/12)*(1/n1+1/n2))

p12← 1-ptukey(y12,nmeans=3,df=Inf)

y13← sqrt(2)*abs(s1-s3)/sqrt((n*(n+1)/12)*(1/n1+1/n3))

p13← 1-ptukey(y13,nmeans=3,df=Inf)

y23← sqrt(2)*abs(s2-s3)/sqrt((n*(n+1)/12)*(1/n2+1/n3))

p23← 1-ptukey(y23,nmeans=3,df=Inf)

p22← NA

## 2・3 多群検定

```
pv ← matrix(c(p12,p13,p22,p23),ncol=2)
rownames(pv) ← c("2","3"); colnames(pv) ← c("1","2")
cat("p.value=¥n"); print(pv)
```

と作成し，これらを実行すると

p.value=

|   | 1 | 2 |
|---|---|---|
| 2 | 0.07484042 | NA |
| 3 | 0.11417954 | 0.9986226 |

となり，関数 posthoc.kruskal.nemenyi.test の結果と一致する．ただし，NA は欠損値 (not available) を意味する値である．ここで使用している関数 ptukey が，ステューデント化された範囲の分布に関する累積分布関数を求めるものであり，確率点を求めるには qtukey を用いるとよい (確率分布関数の使用法については前著第 3・4・1 項参照)．ptukey のパラメータは $d_{ij}$，群数 nmeans のほかに，自由度 df を指定する必要があり，事後比較の場合は Inf を与える[40]．Inf は無限大 (infinity) を表す値である．

もし，同順位がある場合には補正が必要で，$d_{ij}$ を

$$d_{ij} = \frac{\sqrt{C}|\bar{S}_i - \bar{S}_j|}{\sqrt{\left\{\frac{n(n+1)}{12}\right\}\left\{\frac{1}{n_i} + \frac{1}{n_j}\right\}}}$$

により求め，この値が自由度 $df = k-1$ の $\chi^2$ 分布の上側 $\alpha$ 点より大きければ帰無仮説を棄却する．ここで，$C$ は第 2・3・1 項の (4) と同じ値である．ただし，この補正を適用するためには，$n_i \geq 6, i = 1 \sim k$ および $k > 4$ の条件がある．

関数 posthoc.kruskal.nemenyi.test のパラメータの 1 つに dist があり，これは使用する確率分布を指定するもので，デフォルトは dist="Tukey" のテューキー分布 (ptukey や qtukey の確率分布のこと) である．同順位の補正を行う場合には，dist="Chisquare" として $\chi^2$ 分布を指定する．

対応のない場合の事後比較には，ネメンニ法のほかに，テューキー分布を用いる代わりに標準正規分布を用いるダン法（Dunn method または Dunn's test）や$t$分布を用いるカノーバー・イマン法（Conover-Iman test）もあるが，これらについての説明は割愛するので，文献(38)を参照していただきたい．なお，これらの関数はそれぞれ，posthoc.kruskal.dunn.test，posthoc.kruskal.conover.test である．

（5）パッケージの関数による事後比較2（対応のある場合）

次に，対応のあるデータの検定法として取り上げたフリードマン検定の事後比較をネメンニ法により，（4）と同じくパッケージ"PMCMR"の関数 posthoc.friedman.nemenyi.test を用いて行う．ここでも，文献(38)にしたがって述べる．この手法も，フリードマン検定で有意差が認められた場合に用いるものとする．

この場合も（4）と同様に，$i$群と$j$群の比較では，平均順位和$\bar{S}_i$，$\bar{S}_j$およびデータ数$n_i$，$n_j$を用いて，

$$d_{ij} = \frac{\sqrt{2}|\bar{S}_i - \bar{S}_j|}{\sqrt{\dfrac{k(k+1)}{6n}}}$$

を計算し，その値が$q(k,\alpha)$よりも大きく，$d_{ij} > q(k,\alpha)$であれば帰無仮説を棄却する．$q(k,\alpha)$は群数$k$，有意水準$\alpha$のステューデント化された範囲の分布（テューキー分布）の値である．ただし，平均順位を求めるための順位の付け方は，フリードマン検定で行った順位付けであり，クラスカル・ウォリス検定の事後比較の場合とは異なることには注意が必要である．

第2・3・2項の表2・3・3の例を用いて，実際に計算してみると，

> posthoc.friedman.nemenyi.test(x)

　　　　　Pairwise comparisons using Nemenyi multiple comparison test
　　　　　　　with q approximation for unreplicated blocked data

## 2・3 多群検定

```
data:  x
      x1       x2
x2    0.107    -
x3    0.055    0.955

P value adjustment method: none
```

となり，この結果から群1と群3についての確率が最も小さいが，有意水準以下とはなっていない．ただし，変数 $x$ は同項（2）のように $x1, x2, x3$ をまとめたものであり，データが代入されているものとする．

この方法についても，Rのスクリプトにより計算で上の $p$ 値を求めてみよう．スクリプトは

```
s← apply(rm,2,mean)    #s← colSums(rm)/n としても同じ
y12← sqrt(2)*abs(s[1]-s[2])/sqrt((k*(k+1))/(6*n))
p12← 1-ptukey(y12,nmeans=3,df=Inf)
y13← sqrt(2)*abs(s[1]-s[3])/sqrt((k*(k+1))/(6*n))
p13← 1-ptukey(y13,nmeans=3,df=Inf)
y23← sqrt(2)*abs(s[2]-s[3])/sqrt((k*(k+1))/(6*n))
p23← 1-ptukey(y23,nmeans=3,df=Inf)
p22← NA
pv← matrix(c(p12,p13,p22,p23),ncol=2)
rownames(pv) ← c("x2","x3"); colnames(pv) ← c("x1","x2")
cat("p.value=¥n"); print(pv)
```

となる．関数 apply は，第1引数に与えられた行列やベクトルに対して，第3引数の関数を適用するもので，第2引数の値が1の場合は行方向，2の場合は列方向に関して行われる．スクリプトを実行すると，

p.value=

    x1       x2

|     |           |           |
| --- | --------- | --------- |
| x2  | 0.10722316 | NA        |
| x3  | 0.05450063 | 0.9551031 |

となって，posthoc.friedman.nemenyi.test の結果と一致する．ただし，変数 $rm$ には第2・3・2項（2）で求めた各教員に対する3つのアンケート結果の順位が入っているものとする．

なお，文献(38)では，フリードマン検定の事後比較法として，ほかにカノーバー法（Conover test）が取り上げてあるので，興味のある方は参照されたい．関数名は posthoc.friedman.conover.test である．

## 2・4　検定結果の評価

本章の最後に，これまで取り上げてきた各種検定法による検定結果の評価に関する話題として，知っておいた方がよいと思われる効果量と検定力について触れておきたい．

### 2・4・1　効果量

第2・1・1項で取り扱った平均値の差の検定では，自由度 $n-1$ の $t$ 分布に従う

$$T = \frac{\sqrt{n}(\bar{D} - \mu_D)}{U_D}$$

を検定統計量として検定を行った．$\bar{D}$ が標本平均，$U_D$ が標本から求めた不偏分散であることから（$\frac{\bar{D} - \mu_D}{U_D}$ の値は大きく変化はしないと考えると），標本数 $n$ を大きくしていくことにより，検定統計量の値を大きくすることができ，帰無仮説を棄却する値にまですることができる．逆にいうと，多くのサンプル（標本）が抽出できる状況においては，帰無仮説を棄却するために検定統計量の値が十分大きくなるまでサンプル抽出を繰り返せば，求めていた結論である帰無仮説の棄却を導くことができるのである．

## 2・4 検定結果の評価

このことに対して，Jacob Cohen は，著者にとって都合のよいサンプルの数（サンプルサイズ）を抽出して検定を行っている学術論文が多くあることを指摘し[41],[42]，検定を行う際は**効果量**（effect size，ES）というサンプルサイズによらない，帰無仮説の正しさを判断するための値を明記すべきであるとしている．効果量は検定の種類に応じてその指標（ES index）となる量があって，そこで示された計算式により求められた値には，大（Large），中（Medium），小（Small）の３段階の目安が設定されている．有意水準による検定が帰無仮説を棄却できるかできないかという判断基準であるのに対して，効果量は帰無仮説を棄却すべき度合いであり，得られた結果が帰無仮説の主張から異なる度合いが大きければ大きいほど大きくなる性質を持つ．表２・４・１はそれぞれの検定の種類に応じた効果量の指標とその値の目安である．表中の記号の意味は次のとおりである．

表２・４・１ 検定の種類ごとの効果量の指標とその値の目安

| 検定 | 効果量の指標 | 効果量 小 | 効果量 中 | 効果量 大 |
|---|---|---|---|---|
| 平均値の差の検定 ($t$検定) | $d = \dfrac{\|\mu_X - \mu_Y\|}{\sigma}$ | 0.2 | 0.5 | 0.8 |
| 相関係数の検定 ($t$検定) | $R[X,Y]$ | 0.1 | 0.3 | 0.5 |
| 独立性の検定 ($\chi^2$検定) | $w = \sqrt{\sum_{i=1}^{k}\dfrac{(P_{1i}-P_{0i})^2}{P_{0i}}}$ | 0.1 | 0.3 | 0.5 |

$\mu_X, \mu_Y$：母集団 $X, Y$ の平均値

$\sigma$：等分散の仮定の下での標準偏差

$R[X,Y]$：$X, Y$ の相関係数

$k$：独立性の検定における $l \times m$ 分割表のセルの数 $l \cdot m$

$P_{0i}, P_{1i}$：$i$ 番目の属性に属する確率で，それぞれ帰無仮説と対立仮説に対応（前著第２・３・６項参照）

この表の指標の計算式には母数（母集団の平均値，標準偏差など）が用いられるが，実際に検定を行う際には，それらの値は未知であるため，標本から求められた**標本効果量**（sample effect size）により推定するしかない．効果量の指

標についての標本効果量は次のようにして求める.

平均値の差の検定では
$$d = \frac{|\bar{\mu}_X - \bar{\mu}_Y|}{\bar{\sigma}_P}$$
を用いる.この値は**コーエンの $d$**(Cohen's $d$)と呼ばれ,$\bar{\mu}_X, \bar{\mu}_Y$ は $X, Y$ の標本平均である.また,$\bar{\sigma}_P$ は $X, Y$ から抽出したサンプルのサイズ $n_X, n_Y$ を用いて重み付けをした $X, Y$ の標本分散 $\bar{\sigma}_X{}^2, \bar{\sigma}_Y{}^2$ の平均の正の平方根であり,これを**プールした標準偏差**(pooled standard deviation)といい,
$$\bar{\sigma}_P = \sqrt{\frac{n_X \bar{\sigma}_X{}^2 + n_Y \bar{\sigma}_Y{}^2}{n_X + n_Y}}$$
で求められる($\bar{\sigma}_X{}^2, \bar{\sigma}_Y{}^2$ は不偏分散ではないので注意が必要である).

相関係数の検定では,標本相関係数(ピアソンの積率相関係数)
$$r = \frac{\bar{\sigma}_{XY}}{\bar{\sigma}_X \bar{\sigma}_Y}$$
を用いる.$\bar{\sigma}_X, \bar{\sigma}_Y, \bar{\sigma}_{XY}$ はそれぞれ $X, Y$ の標本標準偏差,および共分散である.

適合度の検定や独立性の検定では,**クラメールの $V$**(Cramér's $V$)と呼ばれる
$$V = \sqrt{\frac{\chi^2}{\min(l-1, m-1) \times k}}$$
を用いる.$\chi^2$ は $\chi^2$ 検定における検定統計量である.詳細は,文献(43)を参照していただきたい.

以下に実際に平均値の差の検定を行い,標本効果量を計算した例を示す.

**【例2・4・1】** ある学校の1年生の中から無作為に選んだ10人に2回の数学の試験を行ったところ,それぞれの結果は次の表2・4・2のようになった.

表2・4・2 数学の試験の点数(100点満点)

| 番号 | 1 | 2 | 3 | 4 | 5 | 6 | 7 | 8 | 9 | 10 |
|---|---|---|---|---|---|---|---|---|---|---|
| 試験1 | 72 | 68 | 96 | 85 | 74 | 81 | 61 | 59 | 78 | 74 |
| 試験2 | 67 | 62 | 92 | 82 | 75 | 73 | 65 | 58 | 73 | 71 |

2・4　検定結果の評価　　　　　　　　　　83

2回の試験の分散は等しいと仮定すると，平均点の差から難易度に違いがあるといえるか，有意水準5%で検定せよ．また，その際の効果量も求めよ．

［解］対応がある場合の平均値の差の検定（第2・1・1項参照）を行う．平均値の差を$\mu_D$とすると，帰無仮説$H_0$は$\mu_D = 0$，対立仮説$H_1$は$\mu_D \neq 0$である．Rの関数 t.test を用いて対応の有無のパラメータ paired を TRUE として計算すると，

```
> x ← c( 72,68,96,85,74,81,61,59,78,74)
> y ← c( 67,62,92,82,75,73,65,58,73,71)
> t.test( x, y, paired=TRUE )

        Paired t-test

data:   x and y
t = 2.6893, df = 9, p-value = 0.02483
alternative hypothesis: true difference in means is not equal to 0
95 percent confidence interval:
 0.476458 5.523542
sample estimates:
mean of the differences
   3
```

であるので，得られた$p$値から，$0.02483 < 0.05$より両側検定で帰無仮説は棄却され，難易度に違いがあるといえる．また，効果量は，

```
> nx ← length(x)
> ny ← length(y)
> Sx2 ← var(x)*(nx-1)/nx
> Sy2 ← var(y)*(ny-1)/ny
> S ← sqrt((nx*Sx2+ny*Sy2)/(nx+ny))
> mux ← mean(x)
> muy ← mean(y)
```

```
> d ← abs(mux-muy)/S
> d
```
[1] 0.3015723

となり，$d$ の値は約 0.3016 で，効果量は小であるため，難易度の違いは小さいと考えられる（第2・4・2項参照）．

【注意】文献(43)は，例2・4・1のように2群に対応がある場合の標本効果量としては，その場合の効果量の計算式（表2・4・1には示していない）を用いた方がよいという考え方もあるとされているが，対応がない場合の式でよいという考え方もあるとのことで，本書では後者の計算式である $d = \dfrac{|\bar{\mu}_X - \bar{\mu}_Y|}{\bar{\sigma}_P}$ を用いた．このように，効果量は指標として様々な統計量が提案されており，現在も研究が続けられている内容である．

【問2・4・1】 バスケットボールチームの中から無作為に選んだ6人に対してシュートフォームの改善を行い，改善前と改善後の練習でのシュート成功率を調べたところ，それぞれの結果は表2・4・3のようになった．改善の前後で分散は変わらないと仮定すると，成功率の平均の差からシュートフォームの改善には効果があるといえるか．有意水準5%で検定せよ．また，その際の効果量も求めよ．

表2・4・3 シュート成功率[%]

| 番号 | 1 | 2 | 3 | 4 | 5 | 6 |
|---|---|---|---|---|---|---|
| 改善前 | 17 | 32 | 44 | 67 | 51 | 73 |
| 改善後 | 43 | 48 | 59 | 61 | 53 | 65 |

［略解］対応がある場合の平均値の差の検定を関数 t.test を用いて行う．得られた $p$ 値から，0.2344 > 0.05 より両側検定で帰無仮説は採択され，効果があるとはいえないが，(標本) 効果量 $d$ の値は約 0.5121 で，中程度である．

【注意】問2・4・1のように，帰無仮説は採択されたのに，効果量が大きくなる場合は，サンプルサイズが小さいために帰無仮説が採択されてしまったもので，実際には有意差があるかもしれない場合であり，このようなときにはこの

仮説の採択を保留すべきである．

### 2・4・2　検定力と検定力分析

前節の例2・4・1で実際に仮説検定を行って効果量の値を求めたところ，その値は"小"であり，難易度の違いの度合いは小さいと考えられた．有意水準5%として検定を行い，帰無仮説を棄却したにも関わらず，このような結果になってしまったのはなぜだろうか．ここで，有意水準とはどのような値であったかを思い出していただきたい．前著の第2・3・1項にあるとおり，これは帰無仮説がどの程度の確率で起こるかを表し，それを棄却するための基準となる値であった．つまり，帰無仮説が真であるときに棄却をしてしまう第1種の誤り（type I error）が起こる確率が5%であるということである．帰無仮説を真であるとすると，5%の確率で起こることが実際に起こってしまっているため，帰無仮説が真であるとはいえないと判断しているわけである．では，帰無仮説が真ではないときに採択をしてしまう第2種の誤り（type II error）が起こる確率$\beta$はどのくらいあるのだろうか．帰無仮説が真でないときにこれを棄却できる確率はこの$\beta$を用いて，$1-\beta$と表すことができる．この確率$1-\beta$の値を検定力（statistical power または power of test，表2・4・4参照）という．図2・4・1は，帰無仮説が正しいときの確率密度$f(x)$のグラフと対立仮説が正しいときの確率密度$g(x)$のグラフと有意水準$\alpha$，検定力$1-\beta$の関係を表している．効果量が大きければ大きいほどこれらの2つのグラフの重なり

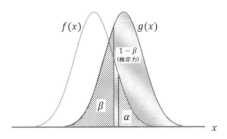

図2・4・1　有意水準（$\alpha$）と検定力（$1-\beta$）

表2・4・4　第1の誤りと第2種の誤り

|  | $H_0$が真に正しい | $H_0$が真に正しくない |
|---|---|---|
| $H_0$を採択 | 正しい（$1-\alpha$） | 第2種の誤り（$\beta$） |
| $H_0$を棄却 | 第1種の誤り（$\alpha$） | 正しい（検定力 $1-\beta$） |

は少なくなることが知られており⁽⁴⁵⁾，効果量は有意水準と検定力と関係があることがわかる．また，前項の初めに述べたとおり，帰無仮説を棄却することとサンプルサイズには関係があったので，サンプルサイズと検定力にも関係があることになる．以上より，仮説検定において，

　　有意水準　$\alpha$，サンプルサイズ　$n$，　効果量　ES，　検定力　$1-\beta$

の4つの間には関係があることがわかる（図2・4・2参照）．

実際にRの関数を使って，4つのうちの3つがわかっているときに残りの1つを求めることができる．パッケージ"pwr"にある $t$ 検定に対して使用することができる関数 pwr.t.test を用いて，例2・4・1の検定力を求めるための手順を以下に示す．まずは，このパッケージをダウンロードし，

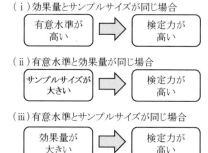

図2・4・2　検定力との関係

> library(pwr)

によりインストールを行い，関数が使用できる状態にする．関数 pwr.t.test はパラメータとして，n=（サンプルサイズ），d=（効果量の値），sig.level=（有意水準），power=（検定力）のうちの3つを入力すると，残りの1つを返すもので，オプションとして，$t$ 検定のサンプルの種類を type として"two.sample"，"one.sample"，"paired"のうちから指定することができる．デフォルトでは両側検定になっているが，パラメータ alternative を"two.sided"，"less"，"greater"のうちから指定することにより片側検定にすることもできる．

いま，例2・4・1について，次のように検定力を求めてみる．

> pwr.t.test(n=10, d=0.3015723, sig.level=0.05, type="paired")

　　　　Paired t test power calculation

　　　　　　　　n = 10

## 2・4　検定結果の評価

     d = 0.3015723
    sig.level = 0.05
     power = 0.1370633
   alternative = two.sided
NOTE: n is number of *pairs*

　この結果から，検定力は約 0.137 であり，かなり低い値になっていることがわかる．したがって，例 2・4・1 は第 2 種の誤りを犯している確率が高く，難易度に違いがあるという結論を出すには不十分であったと考察できる．

　有意水準は 5% や 1% に設定されることが一般的であるが，検定力についてはそのような基準がまだ明確に定まっていない．目安としては，Cohen によって有意水準 5% に対しては 0.80 と設定することが提案されている．詳細については，これも文献(43)を参照していただきたい．

　有意水準，サンプルサイズ，効果量，検定力の 4 つの関係を用いて，検定を行う前にどの程度のサンプルサイズで標本を抽出すればよいかの見当をつけることもできる．表 2・4・5 は，関数 pwr.t.test を用いて，有意水準を 5% および 1% としたときに効果量と検定力を変化させてサンプルサイズを求めたもので

表 2・4・5　サンプルサイズの計算

(A) 有意水準 5%

| 効果量 | 検定力 | | |
|---|---|---|---|
| | 0.7 | 0.8 | 0.9 |
| 0.1 | 619 | 787 | 1053 |
| 0.2 | 156 | 198 | 265 |
| 0.3 | 71 | 89 | 119 |
| 0.4 | 41 | 51 | 68 |
| 0.5 | 27 | 33 | 44 |
| 0.6 | 19 | 24 | 31 |
| 0.7 | 15 | 18 | 23 |
| 0.8 | 12 | 14 | 18 |
| 0.9 | 10 | 12 | 15 |
| 1 | 8 | 10 | 13 |

(B) 有意水準 1%

| 効果量 | 検定力 | | |
|---|---|---|---|
| | 0.7 | 0.8 | 0.9 |
| 0.1 | 964 | 1171 | 1491 |
| 0.2 | 244 | 295 | 375 |
| 0.3 | 110 | 133 | 169 |
| 0.4 | 63 | 76 | 96 |
| 0.5 | 42 | 50 | 63 |
| 0.6 | 30 | 36 | 45 |
| 0.7 | 23 | 27 | 34 |
| 0.8 | 18 | 22 | 27 |
| 0.9 | 15 | 18 | 22 |
| 1 | 13 | 15 | 18 |

ある．ただし，例2・4・1と同様に2群に対応がある場合とし，小数点以下は四捨五入した．この表で，有意水準と検定力を固定して効果量に注目してみると，効果量が大きくなるにつれてサンプルサイズが小さくなっていることがわかる．また，有意水準と効果量を固定して検定力に着目してみると，検定力が大きくなるにつれてサンプルサイズも大きくなっていることがわかる．

　このように，事前に有意水準，効果量，検定力から必要なサンプルサイズを求めたり，検定を行った後に有意水準，サンプルサイズ，効果量から検定力を求めて検定の結果の意味を考察したりすることを検定力分析（statistical power analysis）という．これから仮説検定を行う際は，仮説検定の結果だけでなく，検定力分析も同時に行い，十分な検証，考察を行う必要があると指摘されており，実際に，文献(46)には国内外の多くの論文誌では効果量の記載を必要としていると紹介されている．

【問2・4・2】　関数 pwr.t.test を用いて，問2・4・1の検定力を求めよ．

[略解] 関数 pwr.t.test を用いて検定力を求めると約 0.1767 である．

　問2・4・1の場合について，関数 pwr.t.test を用いて，効果量が 0.5121，有意水準が 5%，検定力が 0.80 のときのサンプルサイズを求めてみると，32個必要であると算出されるので，この問題ではサンプルサイズが小さいために検定力の小さな値が求められたと考えられる．したがって，より多くのサンプルを抽出し，第2種の誤りが起こる可能性を減らす必要がある．

# 第3章　分散分析

　前章および前著においては，2群データの平均値の差のパラメトリック検定，2群および3群以上の多群データの母代表値に関するノンパラメトリック検定について述べた．本章では，3群以上の場合の平均値の差の比較について，分散分析（analysis of variance から ANOVA，あるいは AOV と略称されることが多い）と呼ばれるパラメトリックな検定手法について取り上げる．これはパラメトリック検定であるから，各群のデータは正規分布に従うことが条件となる．前章や前著の内容と重なる部分もあるため，必要に応じて，該当箇所を参照していただきたい．

## 3・1　一元配置分散分析

　分散分析では，**要因**（因子ともいう，factor）と**水準**（level）という用語が使用される．要因とは平均値に影響を与えていると考えられる要素のことで，独立変数ということもある．この要因をいくつかに分ける条件のことを水準という．たとえば，ある学習塾では塾生全員に対して年に数回の模擬試験を実施して，実施科目の平均点に差があるかどうか調べているとする．この場合，平均点に影響を与える要因となるのは科目の違いだけであるから，要因は1つであり，このような分析を**一元配置分散分析**（あるいは一要因分散分析，one-way ANOVA または one-way layout ANOVA）という．実施する試験科目として国語，数学，英語の3科目を選んだとすると，科目の条件として3個挙げたので，水準数は3になり，1要因3水準の分散分析を行うことになる．一元配置分散分析は，水準数が3以上の場合に対して適用される．2水準のときは$t$検定を用いればよいからである．

### 3・1・1 対応がない場合
#### (1) Rの関数による分析

表3・1・1に示す例について考える．この表は，上述の塾の模擬試験が1年間に5回行われたとし，毎回無作為に1名抽出した学生についてそれらの点数を記したものである．この例について，各科目の平均点に差があるといえるかどうか調べたい．各科目のデータにおいて，5回の試験を受けた学生には対応がない．このような分散分析のことを，**対応がない一元配置分散分析**（unpaired one-way factorial ANOVA，ただしunpairedを付けることはあまり多くない．次項の脚注参照）という．

表3・1・1 模擬試験の点数の例（100点満点）

| 回数<br>科目 | 1 | 2 | 3 | 4 | 5 |
|---|---|---|---|---|---|
| 数学 | 66 | 75 | 50 | 63 | 81 |
| 国語 | 74 | 87 | 88 | 71 | 93 |
| 英語 | 85 | 92 | 78 | 79 | 98 |

分散分析では，科目による点数の差を，分散を比較することによって分析する．ただし，各水準内および同一回数内における分散は等しいと仮定する．分散とは各データと平均との差の2乗をデータ数（サンプルサイズのこと，1を引いて割ることもある）で割った値であり，データのばらつきを示す統計量であった（前著第1・1・1項参照）．そこで，分散分析においては，データ全体の平均を基準にして，それからのずれ（**変動**, variation）に着目する．その変動を，各水準間における変動と水準内での変動とに分ける．各水準のデータは独立した標本であるから，前者の変動（**水準間変動**あるいは**群間変動**，または要因変動, between-group variation）は要因の違いにより説明できるもの，後者はそうではなく，水準内において偶然生じた誤差（**水準内変動**あるいは群内変動，または**誤差変動**, within-group variation または error variation）であると考える．これらのうちで，前者の比率が大きければ水準の違いによる影響が大きいことになる．この検定は$F$検定を用いて，次の仮説について行う．

> $H_0$：科目について，各水準の母平均は等しい
> $H_1$：科目について，各水準の母平均のどれか1つ以上は異なる

## 3・1 一元配置分散分析

表3・1・1の例について実際に R で分析を行ってみる．まず，次のスクリプトによりデータを作成しておく．

x1 ← c(66,75,50,63,81)

x2 ← c(74,87,88,71,93)

x3 ← c(85,92,78,79,98)

n1 ← length(x1); n2 ← length(x2); n3 ← length(x3)

x ← c(x1,x2,x3)

g ← c(rep("sugaku",n1),rep("kokugo",n2),rep("eigo",n3))

そして，分散分析を行う関数 aov を次のようにして実行すると

> summary(aov(x~g))

|  | Df | Sum Sq | Mean Sq | F value | Pr(>F) |
|---|---|---|---|---|---|
| g | 2 | 1057 | 528.5 | 5.179 | 0.0239 * |
| Residuals | 12 | 1224 | 102.0 | | |

---

Signif. codes:  0 '***' 0.001 '**' 0.01 '*' 0.05 '.' 0.1 ' ' 1

の結果が得られ，水準間の変動が大きく（下線部，$F$ 値の計算式は後述），$p$ 値（二重下線部）は有意水準 0.05 より小さいので科目間で平均値に差があるといえる（出力結果の最下行の"signif.codes"欄の意味は，'*'の記号が $p$ 値の後ろにあれば，有意水準 0.05 で有意差があるということである．その他についても同様）．

ここでは，aov の結果を詳しく出力するために summary(aov)としている．summary の代わりに，関数 anova を用いて anova(aov(x~g))としても詳しい結果の出力が得られる．もし aov だけであれば，

> aov(x~g)

Call:

 aov(formula = x ~ g)

Terms:

|  | g | Residuals |
|---|---|---|
| Sum of Squares | 1056.933 | 1224.400 |
| Deg. of Freedom | 2 | 12 |

Residual standard error: 10.10116

Estimated effects may be unbalanced

と出力されるので，先の結果と比較していただきたい．

このように，関数 aov には各水準のデータと，それらが所属する水準を与える必要がある．第2・3・1項のクラスカル・ウォリス検定の場合で述べたように，関数 stack によりスタック形式のデータとしてもよい．その場合は，

s ← stack(list(sugaku=x1,kokugo=x2,eigo=x3))

attach(s)

summary(aov(values~ind))

とすれば，上と同じ結果が得られる（attach(s)による s の省略を解除するには detach(s)とする）．もし，

g ← c(rep(1,n),rep(2,n),rep(3,n))

として，各データの属する水準を数値として与えたときは，いったん

f ← factor(g)

によりカテゴリー型（因子型，factor 型）に変換して，

summary(aov(x~f))

としなければならない．ただし，一元配置分散分析では oneway.test という関数も利用でき，この関数を用いる場合は数値型を与えてもよく，

> oneway.test(x~g)　　#g は数値型でもカテゴリー型でもよい

　　　　One-way analysis of means

data:　x and g

F = 5.1794, num df = 2, denom df = 12, p-value = 0.0239

となって，aov の結果と同じ値が得られる．

**（2）計算スクリプトの作成**

検定結果をどのようにして導くかをよく理解するために，ここでは変動の計算から，$F$値を求めて検定を行うまでのスクリプトを，文献（1）の計算式を参考に作成してみる．

（1）で述べた群間変動，群内変動およびそれらの合計である全変動（total variation）の偏差の2乗和（平方和 sum of square という）を，それぞれ$S_A, S_E, S_T$と表すことにすると，これらは次式により求めることができる．

$$S_A = \sum_{i=1}^{k} n_i(\bar{x}_i - \bar{x})^2 \ , S_E = \sum_{i=1}^{k}\sum_{j=1}^{n_i}(x_{ij} - \bar{x}_i)^2$$

$$S_T = \sum_{i=1}^{k}\sum_{j=1}^{n_i}(x_{ij} - \bar{x})^2$$

ただし，与えられたデータは，表3・1・1と同じ形式であるとして，表3・1・2のように各データを成分とした行列で表されるものとする．この場合は，群（水準）数$k=3$，各群のサイズ$n_1 = n_2 = n_3 = 5$である．$\bar{x}_i$は$i$行の，$\bar{x}$は全体の平均である．

表3・1・2　データの形式の例

| 回数＼要因 | 1 | 2 | ⋯ | 5 |
|---|---|---|---|---|
| 数学($x_1$) | $x_{11}$ | $x_{12}$ | ⋯ | $x_{15}$ |
| 国語($x_2$) | $x_{21}$ | $x_{22}$ | ⋯ | $x_{25}$ |
| 英語($x_3$) | $x_{31}$ | $x_{32}$ | ⋯ | $x_{35}$ |

群間変動$S_A$は，各群の平均$\bar{x}_i$と全体平均$\bar{x}$の差の2乗和を各群のサイズ倍して足し合わせたもので，各群の変動の大きさを表す量となっている．群内変動$S_E$は，各群内において標本値と群平均値との差の2乗和を求め，それらをすべての群について足し合わせているので，群内での変動を表している．全変動$S_T$は，全標本値について全体平均との差の2乗和を求めたもので，$S_T = S_A + S_E$となる※．自由度および分散は次式で求められる

---

※ $S_T$がこのような和で表されることを式で確かめる場合には，文献(2)や(3)などが参考になる．

$$f_A = k - 1 \quad , f_E = N - k \quad , f_T = N - 1$$

$$V_A = \frac{S_A}{f_A} \quad , V_E = \frac{S_E}{f_E} \quad , V_T = \frac{S_T}{f_T}$$

ただし，$N = n_1 + n_2 + n_3$ である．

これらの値と，群間と群内の分散の比である$F$値を表にまとめると，表3・1・3のようになる．この表のことを**分散分析表**（analysis of variance table, ANOVA table）という．

表3・1・3 分散分析表（対応なし一元配置）

| 要因 | 平方和 | 自由度 | 分散 | 分散比 |
|---|---|---|---|---|
| 群間変動 | $S_A$ | $f_A$ | $V_A$ | $F=V_A/V_E$ |
| 群内（誤差）変動 | $S_E$ | $f_E$ | $V_E$ | |
| 全変動 | $S_T$ | $f_T$ | $V_T$ | |

以上の計算法どおりにRのスクリプトにすると次のようになる．ただし，変数$x1, x2, x3$にはデータが，$n1, n2, n3$には各群のサイズが代入してあるものとする．

zendata← rbind(x1,x2,x3)

k← nrow(zendata)

zenheikin← mean(zendata)

ST← sum((zendata-zenheikin)^2)

gunheikin← rowMeans(zendata)

gunheikinmatrix← matrix(rep(gunheikin,n1),nrow=k,ncol=n1)

SA← sum((gunheikinmatrix-zenheikin)^2)

SE← sum((zendata-gunheikinmatrix)^2)

ここまでで平方和が求まる．ただし，各群のサイズは等しいものと仮定している（関数aovではサイズが異なっていても分析可能である）．ここで，群間変動および群内変動の平方和は変数$SA$と$SE$に求めている．これらの計算スクリプトでは，それぞれ行列 (gunheikinmatrix − zenheikin) と (zendata − gunheikinmatrix)について，各成分値の2乗和を取っている．前者は群（要因）

によって変動する部分，後者は誤差によって変動する部分を表しており，それぞれの数値を出力してみると，

&gt;print(xa←gunheikinmatrix-zenheikin)

|  | [,1] | [,2] | [,3] | [,4] | [,5] |
|---|---|---|---|---|---|
| [1,] | -11.666667 | -11.666667 | -11.666667 | -11.666667 | -11.666667 |
| [2,] | 3.933333 | 3.933333 | 3.933333 | 3.933333 | 3.933333 |
| [3,] | 7.733333 | 7.733333 | 7.733333 | 7.733333 | 7.733333 |

&gt; print(xe←zendata-gunheikinmatrix)

|  | [,1] | [,2] | [,3] | [,4] | [,5] |
|---|---|---|---|---|---|
| x1 | -1.0 | 8.0 | -17.0 | -4.0 | 14.0 |
| x2 | -8.6 | 4.4 | 5.4 | -11.6 | 10.4 |
| x3 | -1.4 | 5.6 | -8.4 | -7.4 | 11.6 |

となる．全データの平均を表すzenheikinは

&gt; print(xz←matrix(rep(zenheikin,n1*k),nrow=k))

|  | [,1] | [,2] | [,3] | [,4] | [,5] |
|---|---|---|---|---|---|
| [1,] | 78.66667 | 78.66667 | 78.66667 | 78.66667 | 78.66667 |
| [2,] | 78.66667 | 78.66667 | 78.66667 | 78.66667 | 78.66667 |
| [3,] | 78.66667 | 78.66667 | 78.66667 | 78.66667 | 78.66667 |

であるから，これら3者の和を求めると，

&gt; xa+xb+xz

|  | [,1] | [,2] | [,3] | [,4] | [,5] |
|---|---|---|---|---|---|
| x1 | 66 | 75 | 50 | 63 | 81 |
| x2 | 74 | 87 | 88 | 71 | 93 |
| x3 | 85 | 92 | 70 | 79 | 98 |

となって，もとのデータになることがわかる[4]．

次に，自由度，分散，分散比を求めて，分散分析表を作成する．

```
heihouwa ← c(SA,SE,ST)
N ← length(zendata)
fA ← k-1; fE ← N-k; fT ← N-1
jiyuudo ← c(fA,fE,fT)
heikinheihou ← heihouwa/jiyuudo
F ← c(heikinheihou[1]/heikinheihou[2],NA,NA)
bunsekihyou ← cbind(heihouwa,jiyuudo,heikinheihou,F)
rownames(bunsekihyou) ← c("gunkan","gunnai","zentai")
```
これで分散分析表が作成できるから，ここまでを実行した後に，

```
> print(bunsekihyou)
```
とすれば，

|        | heihouwa | jiyuudo | heikinheihou | F        |
|--------|----------|---------|--------------|----------|
| gunkan | 1056.933 | 2       | 528.4667     | 5.179353 |
| gunnai | 1224.400 | 12      | 102.0333     | NA       |
| zentai | 2281.333 | 14      | 162.9524     | NA       |

が得られる．分散比（F）の欄の2行目以降はNA（欠損値）にしている．

最後に，$F$値は$F[1]$に計算されているから，これを用いて

```
p ← pf(F[1],fA,fE,lower.tail=FALSE)
cat("p=¥n"); print(p)
if(p<0.05)
    cat("棄却¥n")
else
    cat("採択¥n")
```
とすれば，$p$値を出力し，有意水準（0.05）以内かどうか判定を行うことができる．これらのスクリプトを関数にせずに，直接実行する場合にはif〜elseの文は

if(p<0.05) {cat("棄却¥n")} else {cat("採択¥n")}

と，1 行にして実行する必要がある．実行結果（出力部分のみ）を次に示す．

p=

[1] <u>0.02390053</u>

棄却

以上より，$F$ 値（下線部），$p$ 値（二重下線部）に summary(aov) の結果と同じ値が得られることが確認できる．その他の分散分析表の値も同様に確認できる．点線下線部（gunnai の heihouwa）については後述する．

### 3・1・2　対応がある場合

　前項の表 3・1・1 の例では，対応のない一元分散分析を行ったが，本項では対応のある場合を取り上げる．前の例は，各回の試験ごとに無作為抽出した学生の点数を記録したものとしたが，同じ例を，各科目ごとに平均的な成績の学生を 1 名選び，この学生について 5 回の試験の点数を記録したものと考えてみる．このようにすると，各回の点数には対応があるため，**対応のある一元分散分析**（one-way repeated measures anova，英語表記については後述の繰り返しのある一元配置分散分析を参照）を行うことになる．したがって，科目に関する仮説 $H_{A0}$ および $H_{A1}$ と試験回数に関する仮説 $H_{B0}$ および $H_{B1}$ を次のように立てて，これらを要因ごとの帰無仮説および対立仮説として検定を行う．

---

$H_{A0}$：科目について，各水準の母平均は等しい

$H_{A1}$：科目について，各水準の母平均のどれか 1 つ以上は異なる

$H_{B0}$：試験回数について，各水準の母平均は等しい

$H_{B1}$：試験回数について，各水準の母平均のどれか 1 つ以上は異なる

---

（1）R の関数による分析

　対応のない場合と同様に，R の関数 aov を用いて検定を行うことができる．変数 $x1, x2, x3$ に前項と同じ点数データが代入されているすると，スクリプトは

次のようになる．

　n ← length(x1); k ← 3
　x ← c(x1,x2,x3)
　g1 ← c(rep("x1",n),rep("x2",n),rep("x3",n))　　#f1 ← factor(g1)としてもよい
　g2 ← rep(c("t1","t2","t3","t4","t5"),k)　　#f2 ← factor(g2)としてもよい

ここで，変数g1は前項と同じく，各群のデータにそれぞれの所属する群の名前を付けている．変数xとg1の内容を出力してみると

　> x
　 [1] <u>66 75 50 63 81</u> <u>74 87 88 71 93</u> <u>85 92 78 79 98</u>
　> g1
　 [1] <u>"x1" "x1" "x1" "x1" "x1"</u> <u>"x2" "x2" "x2" "x2" "x2"</u> <u>"x3" "x3" "x3" "x3"</u>
　[15] <u>"x3"</u>

となり，きちんと対応付けられていることがわかる（各群のデータについて下線を分けて付した．次のg2についても同様）．さらに，今回は各データに対する回数の名前を変数g2に入れる．その内容は，

　> g2
　 [1] <u>"t1" "t2" "t3" "t4" "t5"</u> <u>"t1" "t2" "t3" "t4" "t5"</u> <u>"t1" "t2" "t3" "t4"</u>
　[15] <u>"t5"</u>

となっていて，対応付けがなされていることが確認できる．対応のあるデータの場合は，この双方の対応付けが必要である．その上で，実行すると

　> summary(aov(x~g1+g2))　　# summary(aov(x~f1+f2))でもよい

|  | Df | Sum Sq | Mean Sq | F value | Pr(>F) |  |
|---|---|---|---|---|---|---|
| g1 | 2 | 1056.9 | 528.5 | <u>12.643</u> | <u>0.00334</u> | *** |
| g2 | 4 | 890.0 | 222.5 | <u>5.323</u> | <u>0.02174</u> | ** |
| Residuals | 8 | 334.4 | 41.8 |  |  |  |

---

Signif. codes:  0 '\*\*\*' 0.001 '\*\*' 0.01 '\*' 0.05 '.' 0.1 ' ' 1

と結果が出力される．

　この結果の$F$値（下線部）および$p$値（二重下線部）を見てみる．まず前者について，変数$g1$についての値は要因である科目に関する群間の相違を，$g2$については試験回数に関する群間のそれを示すものである．これらの$F$値から得られた確率である$p$値は，どちらも有意水準 0.05 以下であるから帰無仮説は棄却され，科目および試験回数に関して，どちらにも群間に平均値の差が認められることになる．特に，科目に関する$p$値は非常に小さい．第3・1・1項の対応のない場合における，同じ科目に関する$p$値（0.0239）と比べても1桁小さい値である．このように，同じデータを対応がないとして分析した場合と，対応があるとした場合とでは，後者の方が棄却されやすい傾向にある[5],[6]．

　対応のあるデータとは，各水準（この例では科目）について同条件の反復測定が行われたデータと見ることができ，**繰り返しのある一元配置分散分析**（あるいは反復測定の一元配置分散分析，one-way repeated measures ANOVA）と呼ぶこともある※．この例では，変数$g1$が科目の要因，変数$g2$を反復（繰り返し）の要因と見なすこともできる．

**（2）計算スクリプトの作成**

　前項と同様に，対応がある一元配置分散分析の平方和，自由度，分散，分散比を計算式どおりにRのスクリプトにして求めてみよう．この場合の分散分析表は表3・1・4のようになる．要因（科目）に

表3・1・4　分散分析表（対応あり一元配置）

| 要因 | 平方和 | 自由度 | 分散 | 分散比 |
|---|---|---|---|---|
| 行間変動 | $S_A$ | $f_A$ | $V_A$ | $F_A = V_A/V_E$ |
| 列間変動 | $S_B$ | $f_B$ | $V_B$ | $F_B = V_B/V_E$ |
| 誤差変動 | $S_E$ | $f_E$ | $V_E$ | |
| 全変動 | $S_T$ | $f_T$ | | |

---

※ 英語表記では paired one-way ANOVA や unpaired one-way ANOVA といういい方はあまりしないようである．対応のある一元配置分散分析と繰り返しのある一元配置分散分析は同じものである．後述するが，二元配置分散分析の場合には，「対応あり」と「繰り返しあり」は区別されるので注意が必要である．

関する変動を**行間変動**（within-row variation），繰り返しに関する変動を**列間変動**（within-column variation），それ以外の変動を誤差変動と記している．これらの変動を表中の記号で表すことにすると，それぞれ計算式は次のようになる(7)．

まず，平方和は

$$S_A = n \sum_{i=1}^{k} (\bar{x}_{i\cdot} - \bar{x})^2 \quad , S_B = k \sum_{j=1}^{n} (\bar{x}_{\cdot j} - \bar{x})^2$$

$$S_E = \sum_{i=1}^{k} \sum_{j=1}^{n} (x_{ij} - \bar{x}_{i\cdot} - \bar{x}_{\cdot j} + \bar{x})^2$$

$$S_T = \sum_{i=1}^{k} \sum_{j=1}^{n} (x_{ij} - \bar{x})^2$$

となり，これらの関係は

$$S_T = S_A + S_B + S_E$$

である．ただし，各群のサイズ（繰り返し回数となっている）$n_1, n_2, n_3$ は等しいものとし，$n = n_1 = n_2 = n_3$，$N = n_1 + n_2 + n_3$ とする．また，$\bar{x}_{i\cdot}$ は $i$ 行，$\bar{x}_{\cdot j}$ は $j$ 列，$\bar{x}$ は全体の平均を表している．自由度と分散はそれぞれ

$$f_A = k - 1 \quad , f_B = n - 1 \quad , f_E = (k-1)(n-1) \quad , f_T = N - 1$$

$$V_A = \frac{S_A}{f_A} \quad , V_B = \frac{S_B}{f_B} \quad , V_E = \frac{S_E}{f_E}$$

で求めることができる．

R の計算スクリプトは次のとおりである．ただし，変数 $x1, x2, x3$ には各群の点数データが，変数 $n$ と $k$ にはそれぞれ繰り返し回数（試験回数）と水準数（科目数）が代入されているものとする．データ行列は各群のデータを行方向に取り，$k \times n$ 行列とする．

```
# 平方和の計算
zendata ← rbind(x1,x2,x3)   #ここでk←nrow(zendata)としてもよい
```

## 3・1 一元配置分散分析

```
zenheikin ← mean(zendata)
st ← sum((zendata-zenheikin)^2)
gyoheikin ← rowMeans(zendata)
gyoheikinmatrix ← matrix(rep(gyoheikin,n),nrow=k,ncol=n)
sg ← sum((gyoheikinmatrix-zenheikin)^2)
retsuheikin ← colMeans(zendata)
retsuheikinmatrix ← matrix(rep(retsuheikin,k),nrow=k,ncol=n,byrow=T)
sr ← sum((retsuheikinmatrix-zenheikin)^2)
se ← sum((zendata-gyoheikinmatrix-retsuheikinmatrix+zenheikin)^2)
# 分散分析表の作成
heihouwa ← c(sg,sr,se,st)
N ← length(zendata)
fg ← k-1; fr ← n-1; fe ← (k-1)*(n-1); ft ← N-1
jiyuudo ← c(fg,fr,fe,ft)
heikinheihou ← heihouwa/jiyuudo
F[1:2] ← heikinheihou[1:2]/heikinheihou[3]
F[3:4] ← NA
bunsekihyou ← cbind(heihouwa,jiyuudo,heikinheihou,F)
rownames(bunsekihyou) ← c("gyoukan","retsukan","gosa","zentai")
```

これらを実行した後に，結果を出力させると

```
> print(bunsekihyou)
```

|         | heihouwa | jiyuudo | heikinheihou | F         |
|---------|----------|---------|--------------|-----------|
| gyoukan | 1056.933 | 2       | 528.4667     | 12.642743 |
| retsukan| 890.000  | 4       | 222.5000     | 5.322967  |
| gosa    | 334.400  | 8       | 41.8000      | NA        |
| zentai  | 2281.333 | 14      | 162.9524     | NA        |

と分散分析表が得られる．$F$値（下線部）は，summary(aov)の結果と一致していることが確かめられる．また，この$F$値に対する有意確率（$p$値）は，

```
cat("p=¥n")
j ← c(fg,fr,fe)
p ← rep(0,2)
p[1:2] ← pf(F[1:2],j[1:2],j[3],lower.tail=FALSE)
print(p)
```

で求めることができ，実行すれば出力結果は

p=
 [1] <u>0.003336878</u>   <u>0.021740822</u>

となり，$p$値（二重下線部）もsummary(aov)の結果と一致している．

分散分析表を見ると，繰り返しのない場合と比較して，誤差変動の平均平方和$S_E$が小さくなっており（点線下線部），このことから$F$値が大きくなり，（1）で記したように$p$値は小さくなる（有意差が出やすくなる）．$S_e$が小さくなる理由は，要因による群間変動（行間変動）に加えて，繰り返し回数による変動（列間変動）も分析しているからである．

## 3・2 二元配置分散分析

次に，要因が2つある場合の分散分析，すなわち二元配置分散分析（two-way ANOVA）について述べる．ここでは，繰り返しがある場合とない場合に分けて，その順に説明する．前項の脚注に記したように，対応の有無は繰り返しと区別されるので，繰り返しの有無について二分して説明する中で，さらに細かく分けて記述することにする．

### 3・2・1 繰り返しのない場合

繰り返しのない二元配置分散分析は，第3・1・2項の対応のある一元配置分

## 3・2 二元配置分散分析

散分析と同様に考えることができる．たとえば，次に示す表3・2・1の例を考えてみる．これは，ヨーロッパの5ヵ国について，再生可能エネ

表3・2・1 ヨーロッパ5ヵ国の再生可能エネルギー導入動向
(2008年見込，単位：石油換算千トン)

| 種類＼国名 | イギリス | フランス | ドイツ | スペイン | イタリア |
|---|---|---|---|---|---|
| 水力 | 432 | 5489 | 1797 | 2005 | 3438 |
| 風力 | 612 | 491 | 3474 | 2710 | 554 |
| 太陽光・熱 | 46 | 91 | 700 | 343 | 84 |
| 地熱 | 1 | 114 | 249 | 8 | 4957 |
| バイオマス等 | 4035 | 12643 | 19547 | 4949 | 4361 |

(資源エネルギー庁：エネルギー白書2010 HTML版から作成)

ルギーの導入動向を調べた2008年度の見込みのデータである[8]．この場合は，再生可能エネルギーの種類と，国という2つの要因がある二元配置分散分析の例であり，行方向および列方向それぞれに水準数5のデータが与えられている．この表を表3・1・1（試験回数に関しては対応があるものとする）と比較してみると，どちらも行方向と列方向に要因を配置したものであり，同様の分析が可能であることがわかる．

そこで，仮説および対立仮説を

$H_{A0}$：エネルギーの種類について，各水準の母平均は等しい
$H_{A1}$：エネルギーの種類について，各水準の母平均のどれか1つ以上は異なる
$H_{B0}$：国について，各水準の母平均は等しい
$H_{B1}$：国について，各水準の母平均のどれか1つ以上は異なる

として，実際にRで分析してみよう．第3・1・2項(1)と同じく，summary(aov)を用いて次のようにする．

```
x1 ← c(432,5489,1797,2005,3438)
x2 ← c(612,491,3474,2710,554)
x3 ← c(46,91,700,343,84)
x4 ← c(1,114,249,8,4957)
```

```
x5← c(4035,12643,19547,4949,4361)
n← length(x1)
k← 5;x← c(x1,x2,x3,x4,x5)
g1← c(rep("x1",n),rep("x2",n),rep("x3",n),rep("x4",n),rep("x5",n))
g2← rep(c("k1","k2","k3","k4","k5"),k)
summary(aov(x~g1+g2))
```

これらのスクリプトを実行すると次の結果が得られる.

|           | Df | Sum Sq    | Mean Sq  | F value | Pr(>F)     |
|-----------|----|-----------|----------|---------|------------|
| g1        | 4  | 253705197 | 63426299 | 5.697   | 0.00478 ** |
| g2        | 4  | 50961566  | 12740391 | 1.144   | 0.37137    |
| Residuals | 16 | 178128319 | 11133020 |         |            |

---

Signif. codes:  0 '\*\*\*' 0.001 '\*\*' 0.01 '\*' 0.05 '.' 0.1 ' ' 1

この結果から,再生可能エネルギーの種類に関する要因については群間で有意差が認められることになるが,国の要因については認められない.なお,第3・1・2項(2)の変動の計算式どおりに記述したスクリプトで実行しても同じ数値が得られる.

### 3・2・2 繰り返しのある場合(対応なし)

前項のように,繰り返しのない場合は対応のある一元配置分散分析と同じものと考えてよい.では,繰り返しのある場合はどうであろうか.表3・2・2は表3・2・1のデータにおいて,国数を2ヵ国に,再生可能エネルギーの種類を3つに減らして,これら2つの要因をどちらも列に取って表したものである.そして,年度に関して単年度でなく,2005年〜2008年の4年分の複数年度のデータを挙げた[8].この例は,要因が2つであるから二元配置分散分析であり,各要因の組み合わせのそれぞれに対して,前項では1個の数値しかなかったが,

## 3・2 二元配置分散分析

**表3・2・2 ヨーロッパの2ヵ国の再生可能エネルギー導入動向**
(2005年～2008年の年度順,単位:石油換算千トン)

| 要因<br>年度 | 水力 | | 地熱 | | バイオマス等 | |
|---|---|---|---|---|---|---|
| | フランス | ドイツ | フランス | ドイツ | フランス | ドイツ |
| 2005 | 4451 | 1684 | 130 | 149 | 11564 | 11352 |
| 2006 | 4828 | 1714 | 130 | 181 | 11683 | 15198 |
| 2007 | 5004 | 1798 | 130 | 212 | 12235 | 20141 |
| 2008(見込) | 5489 | 1797 | 114 | 249 | 12643 | 19547 |

(資源エネルギー庁:エネルギー白書2010 HTML版から作成)

今回は4個の数値がある(列方向).しかもこの4個の値は年度ごとに順序が決まっているので対応がある.したがって,繰り返しのある二元配置分散分析であり,対応ありの場合ということになる(年度に関して対応のないデータの場合を初めに考える).このように,繰り返しの有無と対応の有無は区別して考えなければならない.

### (1) Rの関数による分析

さて,実際に繰り返しのある二元配置分散分析を行うが,まずは,表3・2・2の例において,2つの要因に対して与えられている年度ごとの数値に対応がなく,表3・2・3のように,2005年度～2008年度の間のいずれかの年度の数値が順不同で4個示されていると考えて分析を行ってみる.

この場合には,一元配置分散分析にはなかった**交互作用**(interaction あるいは interaction effect)と呼ばれる**効果**(effect)が生じる.分散分析においては,

**表3・2・3 ヨーロッパの2ヵ国の再生可能エネルギー導入動向**
(2005年～2008年の各年度順不同,単位:石油換算千トン)

| 要因<br>年度 | 水力 | | 地熱 | | バイオマス等 | |
|---|---|---|---|---|---|---|
| | フランス | ドイツ | フランス | ドイツ | フランス | ドイツ |
| 2005～<br>2008(見込)<br>の各年度<br>(順不同) | 4451 | 1684 | 130 | 149 | 11564 | 11352 |
| | 4828 | 1714 | 130 | 181 | 11683 | 15198 |
| | 5004 | 1798 | 130 | 212 | 12235 | 20141 |
| | 5489 | 1797 | 114 | 249 | 12643 | 19547 |

(資源エネルギー庁:エネルギー白書2010 HTML版から作成)

要因を**独立変数**（independent variable），要因の各水準に対するデータの値のことを**従属変数**（dependent variable）と呼ぶ．交互作用は独立変数の相互作用が従属変数に与える影響（効果）であり，これに対して独立変数単独の影響（効果）は**主効果**（main effect）という．繰り返しのある場合（一元配置を除く）には，各要因を組み合わせたすべてのデータが複数個ずつ揃うため，それらから交互作用の影響を調べることができるのである．詳しい計算法については後述する．

帰無仮説および対立仮説を

| |
|---|
| $H_{A0}$：エネルギーの種類について，各水準の母平均は等しい |
| $H_{A1}$：エネルギーの種類について，各水準の母平均のどれか1つ以上は異なる |
| $H_{B0}$：国について，各水準の母平均は等しい |
| $H_{B1}$：国について，各水準の母平均のどれか1つ以上は異なる |
| $H_{C0}$：エネルギーの種類と国について，交互作用はない |
| $H_{C1}$：エネルギーの種類と国について，交互作用はある |

として，Rの関数を用いて分析を行う．ただし，仮説を表す記号$H_{A0}$〜$H_{C1}$の添字の同じ第1文字に対して，第2文字が0であれば帰無仮説，1であれば対立仮説を表している．分析では，まずデータを変数$f1$〜$f3$（フランス），$d1$〜$d3$（ドイツ）に代入した後，各水準数と繰り返し数をそれぞれ$n1$〜$n3$に代入し，さらにデータは変数$x$に表の順に連結しておく（ただし，数値が大きいので表中の数値を10で割って万トン単位とした）．

f1← c(4451,4828,5004,5489)/10; d1← c(1684,1714,1798,1797)/10;
f2← c(130,130,130,114)/10; d2← c(149,181,212,249)/10
f3← c(11564,11683,12235,12643)/10; d3← c(11352,15198,20141,19547)/10
n1← 3; n2← 2; n3← 4
sui← c(f1,d1); chi← c(f2,d2); bio← c(f3,d3)

## 3・2 二元配置分散分析

　　x ← c(sui,chi,bio)

次に，変数 *x* の各データに対応する要因をそれぞれ変数 *kuni* および *energy* に代入する．

　　kuni ← c(rep(c(rep("fra",n3),rep("deu",n3)),n1))

　　n23 ← n2*n3

　　energy ← c(rep("sui",n23),rep("chi",n23),rep("bio",n23))

このまま summary(aov) で分析を行ってもよいが，ここで，データをデータフレームにして整理して出力すると，

　　> print( y ← data.frame(Kuni=kuni,Energy=energy,X=x))

|    | Kuni | Energy |   X    |
|----|------|--------|--------|
| 1  | fra  | sui    | 445.1  |
| 2  | fra  | sui    | 482.8  |
| 3  | fra  | sui    | 500.4  |
| 4  | fra  | sui    | 548.9  |
| 5  | deu  | sui    | 168.4  |
| 6  | deu  | sui    | 171.4  |
| 7  | deu  | sui    | 179.8  |
| 8  | deu  | sui    | 179.7  |
| 9  | fra  | chi    | 13.0   |
| 10 | fra  | chi    | 13.0   |
|    | ⋮    | ⋮      | ⋮      |
| 23 | deu  | bio    | 2014.1 |
| 24 | deu  | bio    | 1954.7 |

となって，変数 *x* の各データに国名とエネルギーの種類が正しく対応付けられていることがわかる．これで分析の準備ができたので，

　　> attach(y)

> summary(aov(X~Kuni*Energy))  #summary(aov(x~kuni*energy))でもよい

とすれば，分析結果

|  | Df | Sum Sq | Mean Sq | F value | Pr(>F) |
|---|---|---|---|---|---|
| Kuni | 1 | 13165 | 13165 | 0.455 | 0.508428 |
| Energy | 2 | 8794376 | 4397188 | 152.057 | 5.31e-12 *** |
| Kuni:Energy | 2 | 601168 | 300584 | 10.394 | 0.000998 *** |
| Residuals | 8 | 520523 | 28918 |  |  |

---

Signif. codes:  0 '***' 0.001 '**' 0.01 '*' 0.05 '.' 0.1 ' ' 1

が得られる．

出力された結果から，有意確率 0.001 以下で，エネルギーの種類に関して群間に平均値の差があること，および国とエネルギーの間の交互作用があることがわかる．国に関する主効果については有意差は認められない．

### （2）計算スクリプトの作成

繰り返しのある二元配置分散分析（対応がない場合）の分散分析表は表3・2・4のようになる．一元配置の場合の表3・1・4と比較すると，交互作用による変動の欄が追加されたものとなっている．

表3・2・4　分散分析表（対応なし二元配置）

| 要因 | 平方和 | 自由度 | 分散 | 分散比 |
|---|---|---|---|---|
| 要因Aによる変動 | $S_A$ | $f_A$ | $V_A$ | $F_A = V_A/V_E$ |
| 要因Bによる変動 | $S_B$ | $f_B$ | $V_B$ | $F_B = V_B/V_E$ |
| 交互作用による変動 | $S_{AB}$ | $f_{AB}$ | $V_{AB}$ | $F_{AB} = V_{AB}/V_E$ |
| 誤差変動 | $S_E$ | $f_E$ | $V_E$ |  |
| 全変動 | $S_T$ | $f_T$ |  |  |

表中の各平方和は次式により求めることができる[7]．

$$S_A = n_3 n_2 \sum_{i=1}^{n_1} (\bar{x}_{i..} - \bar{x})^2 \ , S_B = n_3 n_1 \sum_{j=1}^{n_2} (\bar{x}_{.j.} - \bar{x})^2$$

## 3・2 二元配置分散分析

$$S_{AB} = n_3 \sum_{i=1}^{n_1} \sum_{j=1}^{n_2} (\bar{x}_{ij\cdot} - \bar{x}_{i\cdot\cdot} - \bar{x}_{\cdot j\cdot} + \bar{x})^2 \quad , S_E = \sum_{i=1}^{n_1} \sum_{j=1}^{n_2} \sum_{k=1}^{n_3} (x_{ijk} - \bar{x}_{ij\cdot})^2$$

$$S_T = \sum_{i=1}^{n_1} \sum_{j=1}^{n_2} \sum_{k=1}^{n_3} (x_{ijk} - \bar{x})^2$$

これらの関係は

$$S_T = S_A + S_B + S_{AB} + S_E$$

である．ただし，$n_1, n_2, n_3$ は要因 A と B の水準数，および繰り返し数である．また，$\bar{x}_{i\cdot\cdot}$ などの表記はデータを 3 次元データとして扱ったときの，第 1 添字が $i$ のすべてのデータの平均値を表しており，第 2，第 3 添字についても同様である．$\bar{x}$ は全体の平均を表し，$\bar{x}_{\cdots}$ と表記してもよい．自由度と分散の値は

$$f_A = n_1 - 1 \quad , f_B = n_2 - 1 \quad , f_{AB} = (n_1 - 1)(n_2 - 1)$$

$$f_E = n_1 n_2 (n_3 - 1) \quad , f_T = n_1 n_2 n_3 - 1$$

$$V_A = \frac{S_A}{f_A} \quad , V_B = \frac{S_B}{f_B} \quad , V_{AB} = \frac{S_{AB}}{f_{AB}} \quad , V_E = \frac{S_E}{f_E}$$

である．

これらの値を計算する R のスクリプトを作成する．まず，平方和の計算は次のようにして行う．ただし，表 3・2・3 の例を扱うものとし，変数 x および $n_1, n_2, n_3$ には，全数値データと水準数，繰り返し数が代入されているものとする．

```
a← array(x,dim=c(n3,n2,n1))    # 3 次元配列に代入
x000← mean(a)        # 全平均
m1← apply(a,3,mean)    # x̄_{i..} の計算
sa← n3*n2*sum((m1-x000)^2)   # S_A の計算
m2← apply(a,2,mean)    # x̄_{.j.} の計算
sb← n3*n1*sum((m2-x000)^2)   # S_B の計算
m12← apply(a,c(3,2),mean)   # x̄_{ij.} の計算
```

sab← 0

for ( i in 1:n1) { sab←sab+sum((m12[i,]-m1[i]-m2+x000)^2) }

sab← n3*sab　# $S_{AB}$の計算

st← 0

for ( i in 1:n1) { for ( j in 1:n2) { st← st+sum((a[,j,i]-m12[i,j])^2) } }

　　　　　　　　　　　　　　　　　# $S_T$の計算

表3・2・3のデータは2つの要因, すなわちエネルギーの種類 ($n_1$ : 3 水準) と国別 ($n_2$ : 2 水準) に関して採取されたデータが, 各水準数をそれぞれ行と列にして並べられた$n_1 \times n_2 = 3 \times 2$行列で表すことができる. 全データは, それらの行列が繰り返し回数 ($n_3$ : 4回) だけ重ねられたものと考えられるから, 結局, 繰り返しのある二元配置分散分析のデータは3次元配列として表現できることがわかる. ここではそれを3次元配列$a$としている. ただし, Rでは3次元配列は, 列方向, 行方向, 奥行き方向の順に値が詰め込まれていくから, ベクトルデータとして1次元に並んでいる変数$x$のデータ

$$x = [x_1, x_2, x_3, \cdots, x_{N-1}, x_N] = [4451, 4828, 5004, 5489, \cdots, 20141, 19547]$$

を表3・2・3のように表すために, $n_3 \times n_2 \times n_1 (= 4 \times 2 \times 3)$ の 3 次元配列$a$に代入することにして, 次元数を dim=c(n3,n2,n1)と指定すると,

$$a = \begin{bmatrix} 4451 & 1684 \\ 4828 & 1714 \\ 5004 & 1798 \\ 5489 & 1797 \end{bmatrix}, \begin{bmatrix} 130 & 149 \\ 130 & 181 \\ 130 & 212 \\ 114 & 249 \end{bmatrix}, \begin{bmatrix} 11564 & 11352 \\ 11683 & 15198 \\ 12235 & 20141 \\ 12643 & 19547 \end{bmatrix}$$

のようになる. 実際に$a$を出力してみると,

```
> print(a)
, , 1

         [,1]    [,2]
[1,]    445.1   168.4
[2,]    482.8   171.4
```

## 3・2 二元配置分散分析

|      | [,1]  | [,2]  |
|------|-------|-------|
| [3,] | 500.4 | 179.8 |
| [4,] | 548.9 | 179.7 |

, , 2

|      | [,1]  | [,2]  |
|------|-------|-------|
| [1,] | 13.0  | 14.9  |
| [2,] | 13.0  | 18.1  |
| [3,] | 13.0  | 21.2  |
| [4,] | 11.4  | 24.9  |

, , 3

|      | [,1]   | [,2]   |
|------|--------|--------|
| [1,] | 1156.4 | 1135.2 |
| [2,] | 1168.3 | 1519.8 |
| [3,] | 1223.5 | 2014.1 |
| [4,] | 1264.3 | 1954.7 |

と，正しい順になっている（既述のように，数値は 1/10 倍されている）．

スクリプトの下線部の関数 apply は第2・3・3項では行列に対して用いたもので，第2引数の値により行方向や列方向に第3引数の関数を適用する関数であった．この関数を3次元配列に適用する場合，第2引数として二重下線部のような2つの値（c(3,2)）を指定することができる．もし，apply(a,c(1,2),sum)とすると，サイズが $n_3 \times n_2 \times n_1$ の3次元配列 $a$ の奥行き方向（第3番目の次元）に関して $a[,,1]$ と $a[,,2]$ の和を，行方向（第1番目の次元）と列方向（第2番目の次元）のすべての要素（成分）について求め，結果は $n_3 \times n_2$ の行列となる．第2引数の順序を入れ替えて，apply(a,c(2,1),sum) とした場合は，入れ替える前の行列の転置行列となり，$n_2 \times n_3$ の行列が得られる．このスクリプトでは，第1番目の次元に関して平均を求め，さらに転置にしているので，結果は $n_1 \times n_2$ の行列が得られることになる．

スクリプトを実行して得られた平方和を出力すると，
> print(t← data.frame(sa,sb,sab,st))
```
      sa      sb       sab       st
1 8794376 13164.85  601167.6  520523.5
```
となって，（1）のsummary(aov)の出力結果のSum Sq欄と一致している．

このような手順により平方和が計算され，さらに自由度，分散を求めて，分散比の確率から検定が行われる．これらのスクリプトについては，第3・1節の一元配置分散分析の場合と同様に計算を行えばよく，繰り返して記述すると冗長になるので，省略する※．

[補足] 3次元配列のデータの並べ方について，ここでは$n_3 \times n_2 \times n_1 (= 4 \times 3 \times 2)$としたが，行，列，奥行きの取り方はどのように取ってもよい．Rでは関数apermを用いて，いったん作成された3次元配列の添字の順の入れ替えを行うことができる．たとえば，表3・2・3のデータを表3・2・5のように，$n_1 \times n_2 \times n_3 (= 2 \times 3 \times 4)$に並び替えるには次のようにする．

> print( b← aperm(a,perm=

　　c(2,3,1)))

　　#もとの順序c(1,2,3)に対して c(2,3,1)に並び替える

表3・2・5 表3・2・3を並べ替えたもの

| 2005年度 | 水力 | 地熱 | バイオマス等 |
|---|---|---|---|
| フランス | 4451 | 130 | 11564 |
| ドイツ | 1684 | 149 | 11352 |

| 2006年度 | 水力 | 地熱 | バイオマス等 |
|---|---|---|---|
| フランス | 4828 | 130 | 11683 |
| ドイツ | 1714 | 181 | 15198 |

| 2007年度 | 水力 | 地熱 | バイオマス等 |
|---|---|---|---|
| フランス | 5004 | 130 | 12235 |
| ドイツ | 1798 | 212 | 20141 |

| 2008年度(見込) | 水力 | 地熱 | バイオマス等 |
|---|---|---|---|
| フランス | 5489 | 114 | 12643 |
| ドイツ | 1797 | 249 | 19547 |

(資源エネルギー庁：エネルギー白書2010
HTML版から作成)

---

※ 文献(7)によると，$F$値の求め方として3通りの計算法があり，それぞれ母数モデル，変量モデル，混合モデルと呼ばれている．このことに関しては，文献やインターネット上の情報を見ていただきたい．本書では母数モデルを採用している．

## 3・2 二元配置分散分析

```
, , 1
      [,1]    [,2]    [,3]
[1,]  445.1   13.0    1156.4
[2,]  168.4   14.9    1135.2
, , 2
      [,1]    [,2]    [,3]
[1,]  482.8   13.0    1168.3
[2,]  171.4   18.1    1519.8
, , 3
      [,1]    [,2]    [,3]
[1,]  500.4   13.0    1223.5
[2,]  179.8   21.2    2014.1
, , 4
      [,1]    [,2]    [,3]
[1,]  548.9   11.4    1264.3
[2,]  179.7   24.9    1954.7
```

【問3・2・1】 変数$m12$の計算を参考に,関数 apply を用いて$n_3 \times n_2 \times n_1$の3次元配列$a$の行方向の和を求めた上で,転置を行い$n_1 \times n_2$行列$m12a$を作成せよ.次に,関数 aperm により$a$を$n_1 \times n_2 \times n_3$に変形した3次元配列$b$に対して,奥行き方向の和を求めて$n_1 \times n_2$行列$m12b$を作成し,$m12a$と等しいことを確かめよ.

[略解] $m12a$は本文中のスクリプトの$m12$を求める部分において,関数 apply の第3引数を sum にすればよい.$m12b$は,補足に示したようにして作成した3次元配列$b$に対して,

> m12b ← apply(a,c(1,2),sum)

とする.

【問3・2・2】 上述の平方和の結果に続けて,分散分析表を作成し,さらに $F$ 値(分散比)から $p$ 値(有意確率)を求めるスクリプトを作成して,実行結果が summary(aov) の結果と同じ結論になることを確かめよ.

[解] 本文中に記したとおり,省略するので各自試みられたい.

### (3) 交互作用のグラフ化

(2)で分析したように,表3・2・3の例では2要因間の交互作用の影響があることがわかった.交互作用も含めた分散分析を行うためには,summary(aov(X~Kuni*Energy)) とすればよかった.もし交互作用がなければ,第3・1・2項の対応のある一元配置分散分析や第3・2・1項の繰り返しのない二元配置分散分析の場合のように summary(aov(X~Kuni+Energy)) とすればよい.実際に,そのようにして実行してみると,

```
> summary(aov(X~Kuni+Energy))
```

|  | Df | Sum Sq | Mean Sq | F value | Pr(>F) |
|---|---|---|---|---|---|
| Kuni | 1 | 13165 | 13165 | 0.235 | 0.633 |
| Energy | 2 | 8794376 | 4397188 | 78.403 | 3.43e-10 *** |
| Residuals | 20 | 1121691 | 56085 | | |

---

Signif. codes:  0 '***' 0.001 '**' 0.01 '*' 0.05 '.' 0.1 ' ' 1

となって,2要因(主効果)についての平方和と分散(いずれも下線部)は,交互作用のある場合と等しいことがわかる.

繰り返しのある二元配置分散分析を行う際には,事前に交互作用があるかどうかの推測ができれば都合がよい.R では,この目的で interaction.plot という関数が用意されており,要因間の影響をグラフにより視覚的に表すことができる.この方法について述べる.

表3・2・3の例について,(1)で作成した全数値データ $x$,およびその各要

3・2 二元配置分散分析

因に対する数値の入った変数kuniとenergyを使用する（または，これらをまとめたデータフレームyでもよい．yを用いる場合は，x, kuni, energyの代わりに，y\$X, y\$Kuni, y\$Energyとする）．そして，

> interaction.plot(energy,kuni,x)

とすれば，図3・2・1のグラフが表示される※．関数の第1引数には横軸の変数（要因），第2引数には水準ごとにプロットされる変数（要因），第3引数には縦軸の変数（データ値）をそれぞれ指定する．図3・2・2は

> interaction.plot(kuni,energy,x)

として，各要因の軸を入れ替えて描いたグラフである．

これらのグラフの見方を説明する．図3・2・1の実線は，フランスについて，バイオマス等，地熱，水力の順に各4個のデータの平均値をプロットして直線でつないだもので，破線は同様にドイツについて行ったものである．もし，エネルギーの種類と国別が無関係で，それぞれ独立な要因であるとすれば，2つの線は平行に近いものになるはずである．しかしこの場合は交差しているので，2つの要因間には互いに

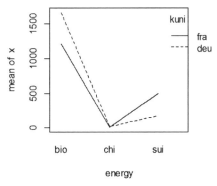

図3・2・1　表3・2・3のデータの交互作用図
（横軸をエネルギーの種類にしたとき）

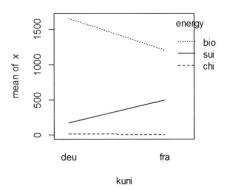

図3・2・2　表3・2・3のデータの交互作用図
（横軸を国にしたとき）

---

※ 凡例を別途指定したい場合は，第3・3・1項を参照．

影響があり,その影響は大きいと考えられる[9].

図3・2・2も同じような見方で解釈すれば,エネルギーの3つの水準のバイオマス等,水力,地熱についてそれぞれ点線,実線,破線を用いて,国別の平均値をプロットしてつないだものである.3つの線はどれも平行ではないため,エネルギーと国別は無関係ではなく,影響があると見なされる.

このように,interaction.plot でグラフを描き※,前もって交互作用の有無についておおよその見当をつけてから分散分析を行うとよい[4].

[補足] 本文では,図3・2・1や図3・2・2の交互作用図において,プロットされた直線(横軸の水準数が2以上では折れ線になることもあるがこのように表現する)が平行から離れるほど交互作用の影響が大きいと推測した.このほかにも,2本が平行な場合についてもわかることがある.詳しくは文献(10)を参照していただきたいが,簡単のために,図3・2・1のように直線が2本ある例を考えることにする.2本が接近しておらず離れた間隔を保っていれば(図3・2・3),プロットした要因(要因B)に有意差があると考えられる.2本が水平でなく右上がり(または右下がり)であれば(図3・2・4),横軸の要因(要

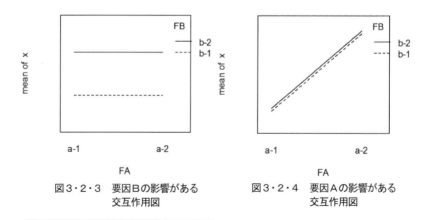

図3・2・3　要因Bの影響がある交互作用図

図3・2・4　要因Aの影響がある交互作用図

---

※ 文献(9)では,この図のことを交互作用図と呼んでおり,本書でもそのように呼ぶことにする.

因 A) に有意差があると推測できる．

### 3・2・3　繰り返しのある場合（1 要因対応あり）

この項では，繰り返しのある二元配置分散分析で，対応のある場合について考える．表3・2・2に戻ると，このデータは年度ごとに繰り返して記録されたもので，年度別になっているので，対応のある場合となる．対応のある場合は，さらに1要因のみに対応があるものと，2要因について対応があるものの2通りに分けられる．これらの違いを，新しい例を挙げて説明する[※]．

表3・2・6は首都圏の人口の多い主な都市について，対前年の地価変動率を調べたものである[(11)]．このデータは，要因が土地の用途と調査年の2つで，それぞれの水準数は2および3である．これらについて，4都市を選んでデータが示されている．ただし，土地の用途については，それぞれの水準で異なる都市のデータとなっている．

調査年について見ると，各年のデータには都市が対応付けられており，それらが年を変えて繰り返し示されているので，調査年の要因については対応があるといえる．しかし，土地の用途の要因については，住宅地と商業地の2水準について異なる都市が挙げられているので対応はない．したがって，このデータは1要因のみ対応があるものである．

表3・2・6　1要因対応がある対前年地価平均変動率
（首都圏の主な都市，H26年～H28年，単位 [%]）

| 要因\都市 | 住宅地 | | | 要因\都市 | 商業地 | | |
|---|---|---|---|---|---|---|---|
| | H26 | H27 | H28 | | H26 | H27 | H28 |
| 東京(区部) | 2.1 | 2.1 | 2.7 | 川崎市 | 3.1 | 2.9 | 2.8 |
| 横浜市 | 1.7 | 1.4 | 0.9 | 相模原市 | 0.2 | 0.2 | 0.6 |
| 千葉市 | 0.2 | 0.2 | 0.2 | 船橋市 | 1.6 | 1.8 | 2.0 |
| さいたま市 | 1.1 | 0.9 | 0.9 | 八王子市 | 0.4 | 0.5 | 0.7 |

（国道交通省：「土地総合ライブラリー（都道府県地価調査）」から作成）

---

[※] 対応がある場合の二元配置分散分析については，文献(12)に詳しい記述があり，本書でも参考にさせていただいた．

次に表3・2・7を見てみる．この場合は，表3・2・6と異なり，住宅地も商業地も同じ4都市のデータであるので，土地の用途の要因についても対応のあるデータになっており，2要因とも対応があるデータである．

表3・2・7　2要因対応がある対前年地価平均変動率
（首都圏の主な都市，H26年～H28年，単位 [%]）

| 要因<br>都市 | 住宅地 | | | 商業地 | | |
|---|---|---|---|---|---|---|
| | H26 | H27 | H28 | H26 | H27 | H28 |
| 東京(区部) | 2.1 | 2.1 | 2.7 | 3.2 | 4.0 | 4.9 |
| 横浜市 | 1.7 | 1.4 | 0.9 | 2.2 | 2.5 | 2.5 |
| 千葉市 | 0.2 | 0.2 | 0.2 | 0.3 | 0.4 | 1.2 |
| さいたま市 | 1.1 | 0.9 | 0.9 | 2.2 | 2.5 | 2.4 |

（国道交通省：「土地総合ライブラリー（都道府県地価調査）」から作成）

これらの例について，次のような仮説（添字の同じ第1文字に対して，第2文字が0は帰無仮説，1は対立仮説を表す）を立てて分析を行う．

$H_{A0}$：土地の用途について，各水準の母平均は等しい
$H_{A1}$：土地の用途について，各水準の母平均のどれか1つ以上は異なる
$H_{B0}$：調査年について，各水準の母平均は等しい
$H_{B1}$：調査年について，各水準の母平均のどれか1つ以上は異なる
$H_{C0}$：土地の用途と調査年について，交互作用はない
$H_{C1}$：土地の用途と調査年について，交互作用はある

（1）Rの関数による分析

まず，表3・2・6のデータを列単位で変数$d1$～$d6$に代入し，それらを$x$にまとめる．また，$n1$～$n3$に各要因の水準数と繰り返し数を入れる．

```
> d1 ← c(2.1,1.7,0.2,1.1)
> d2 ← c(2.1,1.4,0.2,0.9)
> d3 ← c(2.7,0.9,0.2,0.9)
> d4 ← c(3.1,0.2,1.6,0.4)
```

## 3・2 二元配置分散分析

```
> d5← c(2.9,0.2,1.8,0.5)
> d6← c(2.8,0.6,2.0,0.7)
> x← c(d1,d2,d3,d4,d5,d6)
> n1← 2; n2← 3; n3← 4
```

変数$x$には,データ値が1次元のベクトルとして格納されており,各値が所属する要因の水準を変数$yoto$と$nen$に,それぞれ1次元のベクトルとして作成する.

```
> nen← c(rep(c(rep("h26",n3),rep("h27",n3),rep("h28",n3)),n1))
> n23← n2*n3
> yoto← c(rep("tak",n23),rep("sho",n23))
```

ここまでは前項の対応なしの場合と同じであるから,ここで交互作用の有無の推測を行う.

```
> interaction.plot(yoto,nen,x)
```

として得られたのが,図3・2・5の交互作用図である.横軸に取った土地の用途の要因と,調査年の各水準値の2本の直線の関係は,どれも右下がりで交差しているので,交互作用はありそうである.そこで比較のために,対応なしとしたときの分析結果を求めてみる.

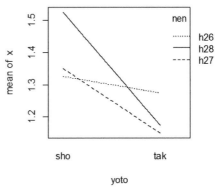

図3・2・5 表3・2・6のデータの交互作用図
(横軸を土地の用途にしたとき)

```
> summary(aov(x~yoto*nen))
```

|  | Df | Sum Sq | Mean Sq | F value | Pr(>F) |
| --- | --- | --- | --- | --- | --- |
| yoto | 1 | 0.24 | 0.24 | 0.208 | 0.654 |
| nen | 2 | 0.04 | 0.020 | 0.017 | 0.983 |
| yoto:nen | 2 | 0.09 | 0.045 | 0.039 | 0.962 |

| | | | | |
|---|---|---|---|---|
| Residuals | 18 | 20.79 | 1.155 | |

---

Signif. codes: 0 '\*\*\*' 0.001 '\*\*' 0.01 '\*' 0.05 '.' 0.1 ' ' 1

これから，主効果および交互作用に有意差は見られないことがわかる．図3・2・5の交互作用図からの推測では交互作用があると思われたが，この場合はその影響は小さいものであった．

次に，対応のある分析を行うために，$x$の各値に対応する都市名を$city$に作成する．

> city ← c(rep(c("tok","yok","chi","sai"),n2),rep(c("kaw","sag","fun","hac"),n2))

ここまでで準備はできたので，次のようにして分析を行う．

> summary(aov(x~yoto\*nen+Error(city:yoto+city:yoto:nen)))

Error: city:yoto

| | Df | Sum Sq | Mean Sq | F value | Pr(>F) |
|---|---|---|---|---|---|
| yoto | 1 | 0.24 | 0.240 | 0.072 | 0.798 |
| Residuals | 6 | 20.05 | 3.341 | | |

Error: city:yoto:nen

| | Df | Sum Sq | Mean Sq | F value | Pr(>F) |
|---|---|---|---|---|---|
| nen | 2 | 0.0400 | 0.02000 | 0.323 | 0.730 |
| yoto:nen | 2 | 0.0900 | 0.04500 | 0.726 | 0.504 |
| Residuals | 12 | 0.7433 | 0.6194 | | |

---

Signif. codes: 0 '\*\*\*' 0.001 '\*\*' 0.01 '\*' 0.05 '.' 0.1 ' ' 1

Warning message:

In aov(x ~ yoto \* nen + Error(city:yoto + city:yoto:nen)) :

　　Error() model is singular

関数 summary(aov)を用いる際には，前項の繰り返しのない場合のパラメータ

## 3・2 二元配置分散分析

の指定に加えて，Error以下の括弧内（波下線部）を記述する必要がある．この1項目は被験者間，2項目は被験者内に関する変動を表している．次のように記述しても同じ結果が得られる．

> summary(aov(x~yoto*nen+Error(city/nen+yoto)))

この記述のしかたでは，被験者（都市名）の後にスラッシュ"/"で区切って群内要因（調査年）を書き，それと群間要因（土地の用途）の和の形式となる[13]．

この結果から，下線部は対応なしの場合と等しい値であることがわかる．$p$値については，いずれも有意差は認められない[※1]．

次に，この結果を分散分析表に対応させて考えてみる．

**（2）分散分析表の構成**

1要因の対応がある二元配置分散分析に関する分散分析表は，表3・2・8のように表すことができる[※2]．

第3・1・1項で説明したように，分散分析は，群間変動と群内変動に大きく分けて考えられる．対応がある場合には，反復して採取されるデータについて

表3・2・8　分散分析表（1要因対応あり二元配置）

| 要因 | 平方和 | 自由度 | 分散 | 分散比 |
|---|---|---|---|---|
| 要因Aによる変動<br>（被験者間変動） | $S_A$ | $f_A$ | $V_A$ | $F_A = V_A/V_R$ |
| 被験者間誤差変動 | $S_R$ | $f_R$ | $V_R$ | |
| 要因Bによる変動<br>（被験者内変動） | $S_B$ | $f_B$ | $V_B$ | $F_B = V_B/V_{RB}$ |
| 要因A,Bの交互作用<br>による変動 | $S_{AB}$ | $f_{AB}$ | $V_{AB}$ | $F_{AB} = V_{AB}/V_{RB}$ |
| 被験者変動と要因Bの<br>交互作用による変動 | $S_{RB}$ | $f_{RB}$ | $V_{RB}$ | |
| 全変動 | $S_T$ | $f_T$ | | |

---

[※1] 結果の下部に警告(warning message)が出ているが，気にしなくてよい[12]．
[※2] この表および各変動の計算は文献(10)を参考にして記述した．

も群と扱うことができ，これも1つの要因による群間変動として分析される．

　分散分析は**被験者間変動**（between-subject variance）を扱う場合と，**被験者内変動**（within-subjects variance）を扱う場合とに分けて考えられる[※]．被験者内変動とは，要因における各水準に対して，どの被験者のデータも1個は存在する場合であり，被験者間変動はそうではない場合である[(14)]．いま取り上げている表3・2・6の例でいえば，調査年の要因について，各調査年のすべてのデータが都市と対応付けられる．しかし，土地の用途の要因ではそうではない．したがって，この例では調査年の要因は被験者内変動に，土地の用途の要因は被験者間変動に当たる．前者の要因が関係する交互作用も被験者内変動であり，さらに都市名も対応付けられているため，これも1つの要因と見なすことができるので，被験者内変動となる．

　このような考え方から，全変動を

$$\text{全変動} = \text{被験者間変動} + \text{被験者内変動}$$
$$= (\text{被験者間要因} + \text{被験者間誤差})$$
$$+ (\text{被験者内要因} + \text{交互作用} + \text{被験者内誤差})$$

と表現することができる[(16)]．表3・2・8の分散分析表でも，太線で区切られた上側は被験者間変動，下側は被験者内変動を表しており，前者には土地の用途による要因変動と被験者（都市）間の誤差変動が，後者には被験者（都市）内の変動を分析できる調査年の要因，およびそれとの交互作用による変動が列挙されている．

---

[※] これは実験計画法（experimental design）という分野で用いられる考え方であり，この分野では，統計学を応用して，効率のよい実験方法を設計し，得られたデータから結果の推測を行う[(15)]．被験者間変動を対象にする実験計画を被験者間計画（between-subject design），被験者内変動の場合は被験者内計画（within-subject design）という．被験者間と被験者内が混在する場合は混合計画（mixed disign）と呼ばれ，その中でも2要因混合計画（two-factor mixed design）と表現される．

## 3・2 二元配置分散分析

### (3) 計算スクリプトの作成

それでは分散分析表の各変動を計算してみよう．計算式は次のように与えられる．

$$S_R = n_2 \sum_{i=1}^{n_1} \sum_{k=1}^{n_3} (\bar{x}_{i \cdot k} - \bar{x}_{i \cdot \cdot})^2$$

$$S_{RB} = \sum_{i=1}^{n_1} \sum_{j=1}^{n_2} \sum_{k=1}^{n_3} (x_{ijk} - \bar{x}_{i \cdot k} - \bar{x}_{ij \cdot} + \bar{x}_{i \cdot \cdot})^2$$

これら以外の$S_A, S_B, S_{AB}$については表3・2・4の場合と同じ式であり，$S_T$は

$$S_T = S_A + S_B + S_{AB} + S_R + S_{RB}$$

となる（(2)の全変動の式に対応している）．

自由度と分散の値についても，表3・2・4にないものだけ記すと，

$$f_R = n_T - n_1 \quad , f_{RB} = (n_T - n_1)(n_2 - 1)$$

$$V_R = \frac{S_R}{f_R} \quad , V_{RB} = \frac{S_{RB}}{f_{RB}}$$

で求める．ただし，$n_T$は全被験者数を表しており，この例の場合は対応のある要因（調査年）の都市数（= 8）となる．

初出である変動$S_R, S_{RB}$のスクリプトのみを次に示す．

```
a← array(x,dim=c(n3,n2,n1))    # 3次元配列に代入

x000← mean(a)      # 全平均

m1← apply(a,3,mean)    # $\bar{x}_{i \cdot \cdot}$の計算
```

ここまでは，対応のない場合と同様である．

```
m13← apply(a,c(3,1),mean)    # $\bar{x}_{i \cdot k}$の計算

sr← 0

for (i in 1:n1) { sr← sr+sum((m13[i,]-m1[i])^2) }

sr← sr*n2      # $S_R$の計算

m23← apply(a,c(3,2),mean)
```

```
srb ← 0
for (i in 1:n1)    # $S_{RB}$の計算
  { for (j in 1:n2)
    { for (k in 1:n3)
      { srb ← srb+sum((a[k,j,i]-m13[i,k]-m23[i,j]+m1[i])^2) } } }
```

以上のスクリプトを実行した後、得られた平方和を出力すると、

```
> print(s ← data.frame(sr,srb))
        sr        srb
1  24.19583  1.396667
```

となって、summary(aov)の結果と一致する。他の平方和、および自由度、分散、分散比の計算については省略する。

【問3・2・3】　上述の残りの平方和および自由度、分散、分散比の計算を行って分散分析表を作成し、得られた$F$値（分散比）から$p$値（有意確率）を求めるスクリプトを作成しなさい。

［解］問3・2・2と同様、省略するので各自試みられたい。

### 3・2・4　繰り返しのある場合（2要因対応あり）

次に、前項の表3・2・7の例について考える。この場合は、前にも記したとおり、調査年の要因についても、土地の用途の要因にも都市が対応付けられるので2要因に対応がある分析を行うことになる（2要因の被験者内計画となる）。

### （1）Rの関数による分析

前項の1要因対応ありの場合と比べて、変更する必要があるのはスクリプトの次の部分である。1要因対応では、土地の用途の要因の各水準において、異なる4都市が挙げられていたので変数*city*は

```
city ← c(rep(c("tok","yok","chi","sai"),n2),rep(c("kaw","sag","fun","hac"),n2))
```

としていたが、今回は同じ4都市が使用されるので、

## 3・2 二元配置分散分析

　city ← c(rep(c("tok","yok","chi","sai"),n1*n2))

と変更する．そして，関数 summary(aov) の実行に際しては，被験者内要因である調査年に関する変動を指定して

　summary(aov(x~yoto*nen+Error(city:yoto+city:yoto:nen)))

としていたものを，調査年も被験者内変動であり，都市も独立した要因と見なすことができるので，これら（波下線部）を追加して，

　summary(aov(x~yoto*nen+Error(city+city:yoto+city:nen+city:yoto:nen)))

と変更する（1要因対応の場合同様に，Error(city/(yoto*nen)) と書いてもよく，この方が簡単である）．そして，変更を加えたスクリプトを実行すると次の結果が得られる．

```
Error: city
          Df   Sum Sq   Mean Sq   F value   Pr(>F)
Residuals  3   22.81    7.604

Error: city:yoto
          Df   Sum Sq   Mean Sq   F value   Pr(>F)
yoto       1   8.050    8.050     17.44     0.025 *
Residuals  3   1.385    0.462
---
Signif. codes:  0 '***' 0.001 '**' 0.01 '*' 0.05 '.' 0.1 ' ' 1

Error: city:nen
          Df   Sum Sq   Mean Sq   F value   Pr(>F)
nen        2   0.4658   0.2329    1.138     0.381
Residuals  6   1.2275   0.2046
---
Signif. codes:  0 '***' 0.001 '**' 0.01 '*' 0.05 '.' 0.1 ' ' 1

Error: city:yoto:nen
```

|              | Df | Sum Sq | Mean Sq | F value | Pr(>F) |
|--------------|----|--------|---------|---------|--------|
| yoto:nen     | 2  | <u>0.7708</u> | 0.3854 | 13.67 | <u>0.00583</u> ** |
| Residuals    | 6  | <u>0.1692</u> | 0.0282 |         |        |

---

Signif. codes:  0 '***' 0.001 '**' 0.01 '*' 0.05 '.' 0.1 ' ' 1

となる．下線部分は1要因対応の場合と同じ値となる．

この結果から，土地の用途に関する要因および，それと調査年の交互作用に関して有意差があることがわかる（二重下線部）．

表3・2・9は対応なし，1要因対応あり，2要因対応ありの3通りの分散分析表の比較をしたものである．表中の塗りつぶしたセルの自由度と分散の値はどれも同じであることがわかる．対応がある場合は対応なしの表に比べて，全体の変動がより細かい項目に分けられて分析されている様子が見て取れる．一般的に，変動の要因が小分けされるにしたがって平方和も小さくなり，分散が小さくなるので，F値が大きくなって有意差が出やすくなる傾向にある[17]．

表3・2・9　二元配置分散分析の分散分析表の比較

| 対応なし |  |  |  |  | 1要因対応あり |  |  |  |  | 2要因対応あり |  |  |  |  |
|---|---|---|---|---|---|---|---|---|---|---|---|---|---|---|
| 要因 | 自由度 | 分散 | 分散比 | p値 | 要因 | 自由度 | 分散 | 分散比 | p値 | 要因 | 自由度 | 分散 | 分散比 | p値 |
|  |  |  |  |  | 都市：土地の用途 |  |  |  |  | 都市：土地の用途 |  |  |  |  |
| 土地の用途 | 1 | 8.05 | 5.662 | 0.029 | 土地の用途 | 1 | 8.05 | 1.996 | 0.207 | 土地の用途 | 1 | 8.05 | 17.44 | 0.025 |
|  |  |  |  |  | 誤差 | 6 | 24.2 |  |  | 誤差 | 3 | 1.385 |  |  |
|  |  |  |  |  | 都市：土地の用途：調査年 |  |  |  |  | 都市：調査年 |  |  |  |  |
| 調査年 | 2 | 0.466 | 0.164 | 0.85 | 調査年 | 2 | 0.466 | 2.001 | 0.178 | 調査年 | 2 | 0.466 | 1.138 | 0.381 |
|  |  |  |  |  |  |  |  |  |  | 誤差 | 6 | 1.228 |  |  |
|  |  |  |  |  |  |  |  |  |  | 都市：土地の用途：調査年 |  |  |  |  |
| 交互作用 | 2 | 0.771 | 0.271 | 0.766 | 交互作用 | 2 | 0.771 | 3.311 | 0.072 | 交互作用 | 2 | 0.771 | 13.67 | 0.006 |
| 誤差 | 18 | 25.59 |  |  | 誤差 | 12 | 1.397 |  |  | 誤差 | 6 | 0.169 |  |  |
|  |  |  |  |  |  |  |  |  |  | 都市 |  |  |  |  |
|  |  |  |  |  |  |  |  |  |  | 誤差 | 3 | 22.81 |  |  |

（2）分散分析表の構成

この場合の分散分析表は表3・2・10のようになる．全変動は次の和で表す

## 3・2 二元配置分散分析

表3・2・10 分散分析表（2要因対応あり二元配置）

| 要因 | 平方和 | 自由度 | 分散 | 分散比 |
|---|---|---|---|---|
| 被験者要因による変動 | $S_S$ | $f_S$ | $V_S$ | |
| 要因Aによる変動 | $S_A$ | $f_A$ | $V_A$ | $F_A = V_A/V_{AE}$ |
| 要因Aの誤差変動 | $S_{AE}$ | $f_{AE}$ | $V_{AE}$ | |
| 要因Bによる変動 | $S_B$ | $f_B$ | $V_B$ | $F_B = V_B/V_{BE}$ |
| 要因Bの誤差変動 | $S_{BE}$ | $f_{BE}$ | $V_{BE}$ | |
| 要因A,Bの交互作用による変動 | $S_{AB}$ | $f_{AB}$ | $V_{AB}$ | $F_{AB} = V_{AB}/V_{ABE}$ |
| 交互作用の誤差変動 | $S_{ABE}$ | $f_{ABE}$ | $V_{ABE}$ | |
| 全変動 | $S_T$ | $f_T$ | | |

ことができる[※].

　全変動 ＝ 要因A＋要因B＋交互作用＋個人差＋要因Aの誤差変動
　　　　　＋要因Bの誤差変動＋交互作用の誤差変動

この式の個人差以降の項が偶然によって生じる変動である．

### （3）計算スクリプトの作成

　各変動の計算方法を示し，スクリプトを作成して，実際に計算してみる．ただし，（1）の表3・2・9に示したとおり，偶然によらない変動分である土地の用途の要因，調査年による要因，それらの交互作用による要因の各変動については，繰り返しのない場合や1要因対応ありの場合と同じであるので省略する．

　まず，要因A（調査年）の誤差変動の計算を行う．以下，文献(17)および(18)の記述をもとにして述べる．（1）の全変動の式の各項を

$$S_T = S_A + S_B + S_{AB} + S_S + S_{AE} + S_{BE} + S_{ABE}$$

---

[※]　「表すことができる」とするよりも，全変動をこれらの和に分解できるとした方が適切かもしれない．この式は文献(17)に記載されているものであるが，この文献には，分散分析は実際にはアプリケーションソフトにより行われるであろうが，「分散を分解していくこと」と「対応する誤差との比で検定すること」はユーザーとして理解おく必要があると述べられている．

の記号で表すことにすると,初出の$S_S, S_{AE}, S_{BE}, S_{ABE}$はそれぞれ次式で求めることができる.

$$S_S = n_1 n_2 \sum_{k=1}^{n_3} (x_{\cdot\cdot k} - \bar{x})^2$$

$$S_{AE} = n_2 \sum_{i=1}^{n_1} \sum_{k=1}^{n_3} (x_{i \cdot k} - \bar{x})^2 - n_2 n_3 \sum_{k=1}^{n_3} (x_{i \cdot \cdot} - \bar{x})^2 - S_S$$

$$S_{BE} = n_1 \sum_{i=1}^{n_1} \sum_{k=1}^{n_3} (x_{\cdot jk} - \bar{x})^2 - n_1 n_3 \sum_{k=1}^{n_2} (x_{\cdot j \cdot} - \bar{x})^2 - S_S$$

$$S_{ABE} = S_T - S_S - S_{AE} - S_{BE}$$
$$= \sum_{i=1}^{n_1} \sum_{j=1}^{n_2} \sum_{k=1}^{n_3} (x_{ijk} - \bar{x})^2 - S_S - S_{AE} - S_{BE} - S_A - S_B - S_{AB}$$

自由度と分散の値は

$$f_S = n_3 - 1 \quad , f_{AE} = (n_1 - 1)(n_3 - 1)$$
$$f_{BE} = (n_2 - 1)(n_3 - 1) \quad , f_{ABE} = (n_1 - 1)(n_2 - 1)(n_3 - 1)$$
$$V_{AE} = \frac{S_{AE}}{f_{AE}} \quad , V_{BE} = \frac{S_{BE}}{f_{BE}} \quad , V_{ABE} = \frac{S_{ABE}}{f_{ABE}}$$

となる.これらから平方和を求めるスクリプトは次のようになる(自由度や分散,$F$値,$p$値は省略する).

```
# 個人差（都市）
ss← n1*n2*sum((apply(a,1,mean)-x000)^2)
# 要因A（土地の用途）の誤差変動
u01← n2*n3*sum((apply(a,3,mean)-x000)^2)
sae← n2*sum((apply(a,c(1,3),mean)-x000)^2)
sae← sae-ss-u01
# 要因B（調査年）の誤差変動
u02← n1*n3*sum((apply(a,2,mean)-x000)^2)
sbe← n1*sum((apply(a,c(1,2),mean)-x000)^2)
```

## 3・3 三元配置分散分析

sbe ← sbe-ss-u02
# 交互作用（土地の用途と調査年）の誤差変動
sabe ← sum((a-x000)^2)
sabe ← sabe-sbe-sae-ss-sa-sb-sab
u ← data.frame(ss,sae,sbe,sabe)
print(u)

ただし，$sabe$ を求める際の，$sa, sb, sab$ は第3・2・2項の（2）で求めた値であり，同様にして計算する．

このスクリプトを実行すると次の結果が得られる．

|   | ss | sae | sbe | sabe |
|---|---|---|---|---|
| 1 | 22.81125 | 1.384583 | 1.2275 | 0.1691667 |

（1）の summary(aov) の結果（波下線部）と比較して，同じ値が得られていることが確認できる．

**【問3・2・4】** 上の平方和の計算に続けて自由度と分散を求め，それらから分散比の計算を行って分散分析表を作成した後，$p$ 値（有意確率）まで求めて分析を行うスクリプトを作成しなさい．

［解］問3・2・2と同様に省略する．

## 3・3 三元配置分散分析

前節では二元配置分散分析を取り上げた．その場合は二元配置（two-way layout）であるから，要因が 2 つ存在し，それぞれの要因について複数の水準が取られる．このデータを，繰り返しのない場合と，ある場合について図に表すと，図3・3・1，図3・3・2のようになり，これは第1章の図1・1・2，図1・1・3と同じ形式のデータである．したがって，繰り返しのある二元配置分散分析のデータは形式的には 3 次元データである．同様に考えれば，一元配置

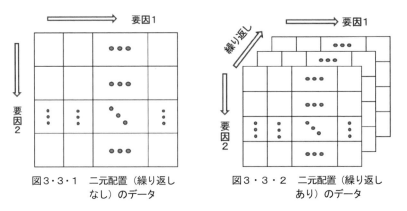

図3・3・1　二元配置（繰り返しなし）のデータ

図3・3・2　二元配置（繰り返しあり）のデータ

(one-way layout）の分散分析は繰り返しのある場合しか扱っておらず，これは2次元データである．これから取り上げる三元配置分散分析についても同じように考えると，三元配置（three-way layout）であるから，繰り返しのない場合は3次元データ，繰り返しのある場合は4次元データの形式ということになる．三元配置以上の分散分析は**多元配置分散分析**（multiple factor analysis of variance）と呼ばれる（三元以上を多元と呼ぶことは，第1章で述べた多次元データ，多次元配列と同様である）．

　さて，**三元配置分散分析**（three-way ANOVA）についてこれから説明していくが，上述のとおり，繰り返しのない場合は繰り返しのある二元配置分散分析と同様の形式のデータと考えることができる．その意味では，われわれは既に3次元データを扱う三元配置分散分析の問題に入っているといってもよい．これまで見てきたとおり，要因数が増えるに従って，要因だけでなく各要因間の交互作用の影響も考慮する必要があるので，分析の複雑さは格段に増加する．たとえば，三元配置で対応の有無を考えてみても，3要因のうちの1要因だけ対応がある，2要因に対応がある，3要因とも対応がある，と分かれる．繰り返しがあれば，それは四元配置分散分析と同等となる．交互作用は，2要因の組み合わせの3通り（要因A×要因B，要因A×要因C，要因B×要因C）と，3要因

## 3・3 三元配置分散分析

のもの（要因 A×要因 B×要因 C）がある．前者の交互作用を 1 次の交互作用（two-way interaction または first order interaction），後者を 2 次の交互作用（three-way interaction または second order interaction）という（前者を 2 要因交互作用 two-factor interaction，後者を 3 要因交互作用 three-factor interaction と呼ぶこともある[19]）．表3・3・1は，三元配置分散分析までについて，繰り返しおよび対応の有無により分類したものである．ただし，括弧内はデータの形式の対応を表している．

表3・3・1 分散分析の種類

| 一元配置 | 二元配置 | | 三元配置 | |
|---|---|---|---|---|
| 繰り返しなし | 繰り返しなし（一元配置繰り返しあり） | | 繰り返しなし（二元配置繰り返しあり） | |
| 繰り返しあり（二元配置繰り返しなし） | 繰り返しあり（三元配置繰り返しなし） | 1要因対応 | 繰り返しあり（四元配置繰り返しなし） | 1要因対応 |
| | | 2要因対応 | | 2要因対応 |
| | | | | 3要因対応 |

このように，三元配置分散分析でもかなり複雑な分析を行うことになるため，いくつかの文献では，4要因以上になると交互作用の分析などが複雑になり過ぎるため多元配置は三元（3要因）以下にすべきであるとされている[1, 2], [20]．また，その計算法は二元配置の応用であり[21]，それらの原理がわかっていれば分析結果を理解することは難しくないとも考えられるから，紙数の都合もあるので，本節では二元配置分散分析の場合のように詳しく述べることは控え，例を挙げて，Rの標準の関数（組込み関数）を用いて計算を行い，結果を分析するまででとどめることとしたい．

### 3・3・1 繰り返しのない場合

#### （1）分析の準備

表3・3・2は，製造業，卸売業・小売業，宿泊業・飲食サービス業，サービス

表3・3・2　産業別業況判断の割合（平成27年，単位 [%]）

| 業種 | | 製造業 | | 卸売・小売業 | |
|---|---|---|---|---|---|
| | 判断 | 普通／不変 | 悪い／悪化 | 普通／不変 | 悪い／悪化 |
| 月期 | 1〜3月期 | 34.7 | 61.8 | 25.9 | 71.3 |
| | 4〜6月期 | 35.7 | 57.8 | 28.6 | 67.8 |
| | 7〜9月期 | 38.6 | 55.5 | 27.6 | 68.6 |
| | 10〜12月期 | 37.1 | 55.2 | 28.4 | 67.4 |

（総務省統計局：「個人企業経済調査（動向編）」から作成）

業の全国約4千事業所から年1回調査されたデータのうちから，平成27年の製造業と卸売業・小売業の事業主による業況判断を取り出してまとめたものである[22]．ただし，回答は「良い／好転」，「普通／不変」，「悪い／悪化」の中から行われたものであるが，後2者だけを載せた．このデータは3要因であり，各要因は業種が2水準，判断も2水準，月期が4水準のサイズが2×2×4の3次元データとなる．

このデータについて，次の仮説を立てて分析を行う．ただし，各仮説の記号で，第1添字の同じものが対応する仮説であり，第2添字で帰無仮説と対立仮説を区別している．また，二元配置の場合と同様に，繰り返しのないときには2次の交互作用は分析できないので，$H_{G0}$と$H_{G1}$の分析は繰り返しがあるときにのみ使用する．

---

$H_{A0}$：業種について，各水準の母平均は等しい

$H_{A1}$：業種について，各水準の母平均のどれか1つ以上は異なる

$H_{B0}$：判断について，各水準の母平均は等しい

$H_{B1}$：判断について，各水準の母平均のどれか1つ以上は異なる

$H_{C0}$：月期について，各水準の母平均は等しい

$H_{C1}$：月期について，各水準の母平均のどれか1つ以上は異なる

$H_{D0}$：業種の判断について，1次の交互作用はない

$H_{D1}$：業種と判断について，1次の交互作用はある

## 3・3 三元配置分散分析

$H_{E0}$：業種の月期について，1次の交互作用はない
$H_{E1}$：業種と月期について，1次の交互作用はある
$H_{F0}$：判断と月期について，1次の交互作用はない
$H_{F1}$：判断と月期について，1次の交互作用はある
$H_{G0}$：業種と判断と月期について，2次の交互作用はない
$H_{G1}$：業種と判断と月期について，2次の交互作用はある

Rで分析を行うために，まずデータを変数に代入する．

a1 ← c(34.7,35.7,38.6,37.1)
a2 ← c(61.8,57.8,55.5,55.2)
a3 ← c(25.9,28.6, 27.6,28.4)
a4 ← c(71.3,67.8,68.6,67.4)
x ← c(a1,a2,a3,a4)
n1 ← 2; n2 ← 2; n3 ← 4; n23 ← n2*n3

表3・3・3 表3・3・2のデータファイル

| a1 | a2 | a3 | a4 |
|---|---|---|---|
| 34.7 | 61.8 | 25.9 | 71.3 |
| 35.7 | 57.8 | 28.6 | 67.8 |
| 38.6 | 55.5 | 27.6 | 68.6 |
| 37.1 | 55.2 | 28.4 | 67.4 |

データ数が多い場合は，エクセルで表3・3・3のようなデータファイルを作成してから，関数 read.csv により読み込んでもよい．その場合は次のようにする．ただし，ファイル名は"t3-3-3.csv"でCSV形式とする（前著第3・1・9項参照）．

d ← read.csv("t3-3-3.csv")
attach(d)
x ← c(a1,a2,a3,a4)　　#detach(d)も行う

次に，これまで同様に，ベクトルデータとなった変数xに対して，各要因の水準名を与える．

fctA ← c(rep("seizo",n23),rep("oroshi",n23))　　#業種の水準名
fctB ← c(rep(c(rep("futsu",n3),rep("warui",n3)),n1))　　#判断の水準名
fctC ← c(rep(c("k1-3","k4-6","k7-9","k0-2"),n1*n2))　　#月期の水準名

変数xと各要因の水準名をデータフレームにまとめてから分析してもよい．その場合は次のようにする．

```
y← data.frame(FA=fctA,FB=fctB,FC=fctC,X=x)
print(y)   #データの確認
```
データフレームにしておけば，要因を表す変数$fctA, fctB, fctC$の代わりに列名 "FA"，"FB"，"FC"を用いることができる．

### （2）交互作用のグラフ化

第3・2・2項で述べたように，交互作用のある場合は事前にその影響の有無や大小をグラフによる視覚的に捉えておくと，分析を行う際に役立つ．そこで，2組ずつの要因に対して，関数 interaction.plot を用いてグラフ化を行う．

初めに

```
lab1← c("seizo","oroshi")
lab2← c("futsu","warui")
lab3← c("k1-3","k4-6","k7-9","k0-2")
```

として各要因の水準名を変数に代入しておく（ただし，水準名の順序は適宜入れ替える必要がある）．そして，

```
# factor A and B
par(mfrow=c(1,2))
interaction.plot(fctA,fctB,x,legend=F,lty=1:n2,type="b",pch=14+1:n2)
legend("left",lty=1:n2,legend=lab2,bty="n",pch=14+1:n2)
interaction.plot(fctB,fctA,x,legend=F,lty=1:n1,type="b",pch=14+1:n1)
lab1a← c("oroshi","seizo")
legend("topleft",lty=1:n1,legend=lab1a,bty="n",cex=0.8,pch=14+1:n1)
```

と実行すれば，要因A（業種）と要因B（判断）について，それぞれ縦軸と横軸を入れ替えてプロットした2つのグラフが表示される（図3・3・3）．

2つのグラフを横に重ねて表示するために，関数 par(mfrow) でグラフの配置を1行×2列と指定している．関数 legend は凡例を記入するものである（前著第3・3・3項参照）．関数 interaction.plot で描画したときに凡例の文字列が右

## 3・3 三元配置分散分析

側にはみ出すことを防ぐために，interaction.plot 内ではパラメータ legend=F として表示せずに，関数 legend で直接描かせている．この関数内のパラメータ bty は凡例を描く周囲の箱の種類を指定する

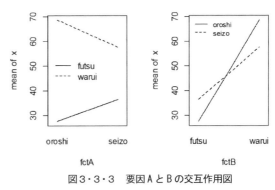

図3・3・3 要因AとBの交互作用図

ものを，"n"とすると箱の線を描かない．cex は文字の大きさの倍率を縮小するために，type と pch はマーカーを表示するために用いた．凡例の水準名と線種およびマーカーの種類を対応させるために interaction.plot のパラメータで lty（線種）と pch の指定も行っている．

この図の2本の直線はどちらの図でも平行ではないので，交互作用があると考えられる．要因Aを横軸に取ると両直線の間隔が広いので要因Bに有意差があること，要因Bを横軸に取った図からは2本が交わるので交互作用が大きいことが推測可能である．

同様に，要因Aと要因C（月期）間，および要因Bと要因C間のグラフをスクリプト

# factor A and C
par(mfrow=c(1,2))
interaction.plot(fctA,fctC,x,legend=F,lty=1:n3, type="b",pch=14+1:n3)
lab3a← c("k0-2","k1-3","k4-6","k7-9")
legend("bottomleft",lty=1:n3,legend=lab3a,bty="n",cex=0.75,pch=14+1:n3)
interaction.plot(fctC,fctA,x,legend=F,lty=1:n1, type="b",pch=14+1:n1)
legend("bottomright",lty=1:n1,legend=lab1a,bty="n",cex=0.8,pch=14+1:n1)
# factor B and C

```
par(mfrow=c(1,2))
interaction.plot(fctB,fctC,x,legend=F,lty=1:n3 type="b",pch=14+1:n3)
legend("topleft",lty=1:n3,legend=lab3a,bty="n",pch=14+1:n3)
interaction.plot(fctC,fctB,x,legend=F,lty=1:n2 type="b",pch=14+1:n2)
legend("left",lty=1:n2,legend=lab2,bty="n",pch=14+1:n2)
```

により作成したものが, 図3・3・4および図3・3・5である.

どちらの図を見ても, 縦軸に要因 C を取った場合は右下がりまたは右上がりとなっており, それぞれ横軸の要因 B と要因 A に有意差があることが推測され, このことは横軸に要因 C を取ってみると, 2本の折れ線の間隔が離れていることからもわかる. 交互作用については, それほど顕著な特徴は見られないようである.

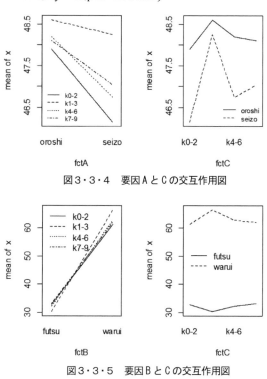

図3・3・4 要因AとCの交互作用図

図3・3・5 要因BとCの交互作用図

### (3) 分散分析表

繰り返しのない場合の分散分析表の構成を表3・3・4に示す[23]. 要因Aから要因Cまでは主効果による変動, 要因AとBの交互作用から要因BとCの交互作用までは交互作用効果による変動であり, そのほかの変動を誤差変動としている.

## 3・3 三元配置分散分析

表3・3・4 分散分析表（繰り返しのない三元配置）

| 要因 | 平方和 | 自由度 | 分散 | 分散比 |
|---|---|---|---|---|
| 要因A | $S_A$ | $f_A$ | $V_A$ | $F_A = V_A/V_E$ |
| 要因B | $S_B$ | $f_B$ | $V_B$ | $F_B = V_B/V_E$ |
| 要因C | $S_C$ | $f_C$ | $V_C$ | $F_C = V_B/V_E$ |
| 要因AとBの交互作用 | $S_{AB}$ | $f_{AB}$ | $V_{AB}$ | $F_{AB} = V_{AB}/V_E$ |
| 要因AとCの交互作用 | $S_{AC}$ | $f_{AC}$ | $V_{AC}$ | $F_{AC} = V_{AC}/V_E$ |
| 要因BとCの交互作用 | $S_{BC}$ | $f_{BC}$ | $V_{BC}$ | $F_{BC} = V_{BC}/V_E$ |
| 誤差変動 | $S_E$ | $f_E$ | $V_E$ | |
| 全変動 | $S_T$ | $f_T$ | | |

ここで，初出の自由度は

$$f_{AC} = (n_1 - 1)(n_3 - 1), \quad f_{BC} = (n_2 - 1)(n_3 - 1)$$

$$f_E = (n_1 - 1)(n_2 - 1)(n_3 - 1), \quad f_T = n_1 n_2 n_3 - 1$$

により計算する．各平方和の計算については，交互作用以下の計算式のみ示すと次のようになる[24]．

$$S_{AB} = n_3 \sum_{i=1}^{n_1} \sum_{j=1}^{n_2} (x_{ij\cdot} - x_{i\cdot\cdot} - x_{\cdot j\cdot} + \bar{x})^2$$

$$S_{AC} = n_2 \sum_{i=1}^{n_1} \sum_{k=1}^{n_3} (x_{i\cdot k} - x_{i\cdot\cdot} - x_{\cdot\cdot k} + \bar{x})^2$$

$$S_{BC} = n_1 \sum_{j=1}^{n_2} \sum_{k=1}^{n_3} (x_{\cdot jk} - x_{\cdot j\cdot} - x_{\cdot\cdot k} + \bar{x})^2$$

$$S_E = S_T - S_A - S_B - S_C - S_{AB} - S_{AC} - S_{BC}$$

（4）分析の実行と結果

二元配置の場合と同様に，関数 summary(aov)を用いて次のように分散分析を行う．

```
> summary(aov(x~fctA+fctB+fctC+fctA*fctB+fctA*fctC+fctB*fctC))
    # aov のパラメータは x~fctA*fctB+fctA*fctC+fctB*fctC でもよい
```

|           | Df | Sum Sq | Mean Sq | F value  | Pr(>F)         |
|-----------|----|--------|---------|----------|----------------|
| fctA      | 1  | 5      | 5       | 2.198    | 0.234806       |
| fctB      | 1  | 3869   | 3869    | 1607.551 | 3.41e-05 ***   |
| fctC      | 3  | 4      | 1       | 0.568    | 0.673217       |
| fctA:fctB | 1  | 404    | 404     | 167.871  | 0.000993 ***   |
| fctA:fctC | 3  | 1      | 0       | 0.152    | 0.921706       |
| fctB:fctC | 3  | 38     | 13      | 5.242    | 0.103458       |
| Residuals | 3  | 7      | 2       |          |                |

---

Signif. codes:  0 '***' 0.001 '**' 0.01 '*' 0.05 '.' 0.1 ' ' 1

データフレームにまとめた変数から分析してもよい．その場合は次のようにすれば上と同じ結果が得られる．

y ← data.frame(FA=fctA,FB=fctB,FC=fctC,X=x)

attach(y)

summary(aov(x~FA+FB+FC+FA*FB+FA*FC+FB*FC))　#detach(y)も行う

関数 aov のパラメータには，3 つの要因について，2 個ずつの交互作用を記述する必要がある．

　出力結果から，要因 B（判断）に関して有意差が認められる．また，要因 A（業種）と要因 B（判断）に関して交互作用があることもわかる．

### 3・3・2　繰り返しのある場合

#### （1）対応のない場合の分析

　表 3・3・5 は表 3・3・2 のデータに平成 26 年分を追加したものである．前項でのデータサイズは 2×2×4 であったから，今回は 2×2×4×2 の 4 次元データとなる．このデータを，まずは対応のないデータとして扱いたいので，平成 26 年と 27 年という年を考慮せずに，サンプルとしてある 2 年間のデータを

## 3・3　三元配置分散分析

表3・3・5　産業別業況判断の割合（平成26年〜27年，単位[%]）

| 業種 | | 製造業 | | 卸売・小売業 | |
|---|---|---|---|---|---|
| | 判断 | 普通／不変 | 悪い／悪化 | 普通／不変 | 悪い／悪化 |
| 年月期 H27 | 1〜3月期 | 34.7 | 61.8 | 25.9 | 71.3 |
| | 4〜6月期 | 35.7 | 57.8 | 28.6 | 67.8 |
| | 7〜9月期 | 38.6 | 55.5 | 27.6 | 68.6 |
| | 10〜12月期 | 37.1 | 55.2 | 28.4 | 67.4 |
| 年月期 H26 | 1〜3月期 | 41.1 | 51.1 | 31.2 | 63.0 |
| | 4〜6月期 | 38.2 | 54.6 | 27.0 | 70.1 |
| | 7〜9月期 | 41.1 | 55.3 | 23.6 | 74.0 |
| | 10〜12月期 | 41.5 | 51.4 | 23.6 | 73.0 |

（総務省統計局：「個人企業経済調査（動向編）」から作成）

記載したことにする．

交互作用図のプロットを省略して，summary(aov)による分析を行う．データは繰り返しのない場合の$a1〜a4$に

　a5← c(41.1,38.2,41.1,41.5)

　a6← c(51.1,54.6,55.3,51.4)

　a7← c(31.2,27.0,23.6,23.6)

　a8← c(63.0,70.1,74.0,73.0)

　x← c(a1,a2,a3,a4,a5,a6,a7,a8)

を追加する．水準名との対応は，前回の並びが2回繰り返されただけなので，

　n4← 2

　fA← rep(c(rep("seizo",n23),rep("oroshi",n23)),n4)

　fB← rep(c(rep(c(rep("futsu",n3),rep("warui",n3)),n1)),n4)

　fC← rep(c(rep(c(rep(c("k1-3","k4-6","k7-9","k0-2"),n1*n2)),n4)

とするとよい．そして，

　> summary(aov(x~fA+fB+fC+fA*fB+fA*fC+fB*fC+fA*fB*fC))
　　　　　　　　　　　　　　#x~fA*fB*fCだけでも同じ結果となる

とすれば次の分析結果が得られる.

|         | Df | Sum Sq | Mean Sq | F value | Pr(>F)        |
|---------|----|--------|---------|---------|---------------|
| fA      | 1  | 13     | 13      | 0.999   | 0.332         |
| fB      | 1  | 7021   | 7021    | 539.542 | 9.42e-14 ***  |
| fC      | 3  | 3      | 1       | 0.075   | 0.972         |
| fA:fB   | 1  | 1308   | 1308    | 100.526 | 2.65e-08 ***  |
| fA:fC   | 3  | 2      | 1       | 0.057   | 0.981         |
| fB:fC   | 3  | 5      | 2       | 0.139   | 0.935         |
| fA:fB:fC| 3  | 43     | 14      | 1.106   | 0.376         |
| Residuals| 16| 208    | 13      |         |               |

---

Signif. codes:  0 '***' 0.001 '**' 0.01 '*' 0.05 '.' 0.1 ' ' 1

この場合は,summary(aov)のパラメータに 3 つの要因の交互作用 $fA \times fB \times fC$ の項を加えて分析を行っている.結果は,繰り返しのない場合とあまり変わりなく,要因 B(判断)の有意差と,要因 A(業種)と要因 B 間の交互作用が認められる.3 要因間の交互作用の影響は小さいことがわかる.

(2)要因と対応の有無の関係

前節の二元配置分散分析で,繰り返しがある場合は,対応のないとき,1 要因の対応,2 要因の対応と分けて考えた.三元配置でも同じように扱うが,対応のないときは(1)に記したので,これから 1 要因対応,2 要因対応,3 要因対応と順に考えていく必要がある.しかし,要因数が増えると,どのような問題が何要因対応かをすぐに理解するのは容易ではない.文献(25)の表示法が大変わかりやすいので紹介する.

要因が FA〜FC の三元配置分散分析において,各要因がそれぞれ 2 つの水準(LA1,LA2,LB1,LB2,LC1,LC2)を持っているとする.このとき,対応なしの場合のデータは表 3・3・6 のように表すことができる.3 要因のどれに対しても,

## 3・3 三元配置分散分析

同一の被験者グループが2水準すべてには観測値を持たないので，対応のないデータといえる．たとえば要因Aを見てみると，水準1（LA1）の観測値のある被験者はNo.1～No.8であるのに対し，水準2（LA2）はNo.9～No.16となり，同一の被験者による2つの水準のデータが存在しないため，この要因についての同じ条件のデータが揃わないことになり，第3・2・3項で述べた被験者間変動の検出はできるが，被験者内変動の検出はできない[26]．

表3・3・6 対応なしの3要因データ

| 被験者 | 要因A | 要因B | 要因C | 観測値 |
|---|---|---|---|---|
| No.1 | FA | FB | FC | · |
| No.2 | LA1 | LB1 | FC1 | · |
| No.3 | | | FC2 | · |
| No.4 | | | | · |
| No.5 | | LB2 | FC1 | · |
| No.6 | | | | · |
| No.7 | | | FC2 | · |
| No.8 | | | | · |
| No.9 | LA2 | LB1 | FC1 | · |
| No.10 | | | | · |
| No.11 | | | FC2 | · |
| No.12 | | | | · |
| No.13 | | LB2 | FC1 | · |
| No.14 | | | | · |
| No.15 | | | FC2 | · |
| No.16 | | | | · |

次に，1要因対応のある場合のデータは表3・3・7のようになる．ここでは，要因Cについて対応があり，この要因では同じ被験者が水準FC1とFC2のデータを持っており，被験者内変動の検出が可能である．この表のように，対応のある要因は縦の項目に，対応のない要因は横の項目に表すことにする．

表3・3・7 1要因対応ありの3要因データ

| 被験者 | 要因A | 要因B | 要因C | |
|---|---|---|---|---|
| | | | FC | |
| | | | FC1 | FC2 |
| | | | 観測値 | |
| No.1 | FA | FB | · | · |
| No.2 | LA1 | LB1 | · | · |
| No.3 | | LB2 | · | · |
| No.4 | | | · | · |
| No.5 | LA2 | LB1 | · | · |
| No.6 | | | · | · |
| No.7 | | LB2 | · | · |
| No.8 | | | · | · |

同様に，2要因対応ありと3要因対応ありのデータを表3・3・8および表3・3・9に示す．前者では，要因Bと要因Cについて，それぞれの2水準で同じ被験者のデータが存在し，これらの要因については被験者内変動が検出できる．後者では，さらに要因Aの2水準についても同じ被験者のデータが揃っているので，すべての要因について被験者内

表3・3・8　2要因対応ありの3要因データ

| 被験者 | 要因B | | FB | | | |
| --- | --- | --- | --- | --- | --- | --- |
| | | | LB1 | | LB2 | |
| | 要因C | | FC | | | |
| | | | LC1 | LC2 | LC1 | LC2 |
| | 要因A | | 観測値 | | | |
| No.1 | FA | LA1 | ・ | ・ | ・ | ・ |
| No.2 | | | ・ | ・ | ・ | ・ |
| No.3 | | LA2 | ・ | ・ | ・ | ・ |
| No.4 | | | ・ | ・ | ・ | ・ |

表3・3・9　3要因対応ありの3要因データ

| 要因A | FA | | | | | | | |
| --- | --- | --- | --- | --- | --- | --- | --- | --- |
| | LA1 | | | | LA2 | | | |
| 要因B | FB | | | | | | | |
| | LB1 | | LB2 | | LB1 | | LB2 | |
| 要因C | FC | | | | | | | |
| | LC1 | LC2 | LC1 | LC2 | LC1 | LC2 | LC1 | LC2 |
| 被験者 | 観測値 | | | | | | | |
| No.1 | ・ | ・ | ・ | ・ | ・ | ・ | ・ | ・ |
| No.2 | ・ | ・ | ・ | ・ | ・ | ・ | ・ | ・ |

変動の検出が可能である．

このように，ある要因について，すべての水準で同じ条件（被験者）のデータが揃うとき，対応があるという．三元配置分散分析では，対応がある場合は，1要因対応から3要因対応まで分けて考える必要がある[※]．

**（3）3要因対応の場合の分析**

　表3・3・5のデータについて，（1）では対応がないものとして分析を行ったが，実際には繰り返しの方向のデータである月期（1〜3月，4〜6月，7〜9月，10〜12）はそれぞれがすべての要因に対して，全水準のデータを持っているので，3要因対応ありの被験者内計画である．そこで，対応ありの中では3要因対応ありから説明を始めることにする．

　対応ありであるから，繰り返し方向（調査年）について

　　　fD ← c(rep("h27",n1*n2*n3),rep("h26",n1*n2*n3))

として，要因と同じように扱い，2水準名（"h27"と"h26"）を各データと対応付ける．そして，summary(aov)を使用して分析を行えばよいのであるが，2要因の対応ありの場合と同様に，変動を細分化して表記する必要がある．そこで，前節では簡単な書き方として紹介した表記法により次のようにして分析を行う

---

[※] 第3・2・3項の二元配置分散分析の場合と同様に，三元配置分散分析においても，1要因対応ありと2要因対応ありの場合には，被験者間変動と被験者内変動が混在するため，三要因混合計画（three-factor mixed design）と呼ばれる．

## 3・3 三元配置分散分析

（前節のようにすべての項を書くとかなり長くなる）[13], [27].

> summary(aov(x~fA*fB*fC+Error(fD/(fA*fB*fC))))

すると，

Error: fD

|  | Df | Sum Sq | Mean Sq | F value | Pr(>F) |
|---|---|---|---|---|---|
| Residuals | 1 | 0.1512 | 0.1512 | | |

Error: fD:fA

|  | Df | Sum Sq | Mean Sq | F value | Pr(>F) |
|---|---|---|---|---|---|
| fA | 1 | 13.005 | 13.005 | 104 | 0.0622 . |
| Residuals | 1 | 0.125 | 0.125 | | |

---

Signif. codes:  0 '***' 0.001 '**' 0.01 '*' 0.05 '.' 0.1 ' ' 1

Error: fD:fB

|  | Df | Sum Sq | Mean Sq | F value | Pr(>F) |
|---|---|---|---|---|---|
| fB | 1 | 7021 | 7021 | 403.4 | 0.0317 * |
| Residuals | 1 | 17 | 17 | | |

---

Signif. codes:  0 '***' 0.001 '**' 0.01 '*' 0.05 '.' 0.1 ' ' 1

Error: fD:fC

|  | Df | Sum Sq | Mean Sq | F value | Pr(>F) |
|---|---|---|---|---|---|
| fC | 3 | 2.936 | 0.9787 | 0.347 | 0.796 |
| Residuals | 3 | 8.466 | 2.8221 | | |

Error: fD:fA:fB

|  | Df | Sum Sq | Mean Sq | F value | Pr(>F) |
|---|---|---|---|---|---|
| fA:fB | 1 | 1308 | 1308 | 21.82 | 0.134 |
| Residuals | 1 | 60 | 60 | | |

Error: fD:fA:fC

|  | Df | Sum Sq | Mean Sq | F value | Pr(>F) |
|---|---|---|---|---|---|
| fA:fC | 3 | 2.2275 | 0.7425 | 5.091 | 0.107 |
| Residuals | 3 | 0.4375 | 0.1458 |  |  |

Error: fD:fB:fC

|  | Df | Sum Sq | Mean Sq | F value | Pr(>F) |
|---|---|---|---|---|---|
| fB:fC | 3 | 5.42 | 1.81 | 0.051 | 0.982 |
| Residuals | 3 | 107.03 | 35.68 |  |  |

Error: fD:fA:fB:fC

|  | Df | Sum Sq | Mean Sq | F value | Pr(>F) |
|---|---|---|---|---|---|
| fA:fB:fC | 3 | 43.18 | 14.392 | 2.948 | 0.199 |
| Residuals | 3 | 14.65 | 4.882 |  |  |

の結果が得られる．$p$値を見ると，主効果である要因B（判断）に有意差が認められる．要因A（業種）についても有意水準$\alpha$に近い値である．

煩雑になるので，分散分析表は記載しないが，2要因対応ありの二元配置の場合の表3・2・10に要因C（月期）の影響が加わった形式のものとなり，全変動は

$$全変動 = 要因A + 要因B + 要因C$$
$$+1次の交互作用(AB間，AC間，BC間) + 2次の交互作用(ABC間)$$
$$+個人差 + 各主要因の誤差変動 + 各交互作用の誤差変動$$

と表される．

(4) 2要因対応の場合の分析

これまでは，表3・3・5のデータについて，要因A（業種），要因B（判断），要因C（月期）の3要因があり，被験者と考えた調査年に関して2回反復したものとして扱っていた．しかし反復回数が2回では少ないので，ここからは要因Cと反復方向（3要因対応の場合には要因Dとして扱った）を入れ替えて，

## 3・3　三元配置分散分析

要因Cを調査年，反復方向（被験者）を月期と変更する．

このようにして，要因Aと要因Bの2要因の対応があるデータを構成したものが表3・3・10である．ここでは，H27年は1〜3月期，4〜6月期，H26年は7〜9月期，10〜12月期のデータだけを取り上げている．

表3・3・10　表3・3・5を2要因対応ありにした場合

| 要因A | | 業種 | | | |
|---|---|---|---|---|---|
| | | 製造業 | | 卸売・小売 | |
| 要因B | | 判断 | | | |
| | | 普通／不変 | 悪い／悪化 | 普通／不変 | 悪い／悪化 |
| 被験者 | 要因C | 観測値 | | | |
| 1〜3月期 | H27 | 34.7 | 61.8 | 25.9 | 71.3 |
| 4〜6月期 | 年 | 35.7 | 57.8 | 28.6 | 67.8 |
| 7〜9月期 | H26 | 41.1 | 55.3 | 23.6 | 74.0 |
| 10〜12月期 | | 41.5 | 51.4 | 23.6 | 73.0 |

このデータを変数$a1$から$a4$に代入した後，ベクトル化する．そして，ベクトルの各要素に要因Aから要因D（被験者）までを対応付ける（$fA$から$fD$）．そして，summary(aov)で分析を行う．以上の手順のスクリプトを次に示す．

```
> a1 ← c(34.7,35.7,41.1,41.5)
> a2 ← c(61.8,57.8,55.3,51.4)
> a3 ← c(25.9,28.6,23.6,23.6)
> a4 ← c(71.3,67.8,74.0,73.0)
> x ← c(a1,a2,a3,a4)
> n1 ← 2; n2 ← 2; n3 ← 2; n4 ← 2; n23 ← n2*n3
> fA ← c(rep("seizo",n23*n4),rep("oroshi",n23*n4))
> fB ← c(rep(c(rep("futsu",n3*n4),rep("warui",n3*n4)),n1))
> fC ← rep(c(rep("h27",n4),rep("h26",n4)),n1*n2)
> fD ← c(rep(c("k1-3","k4-6","k7-9","k0-2"),n1*n2))
> y ← data.frame(F1=fA,F2=fB,F3=fC,F4=fD,X=x)
> summary(aov(x~fA*fB*fC+Error(fD/(fA*fB))))
```

実行結果は次のようになる.

Error: fD

|  | Df | Sum Sq | Mean Sq | F value | Pr(>F) |
|---|---|---|---|---|---|
| fC | 1 | 0.001 | 0.0006 | 0 | 0.988 |
| Residuals | 2 | 4.336 | 2.1681 |  |  |

Error: fD:fA

|  | Df | Sum Sq | Mean Sq | F value | Pr(>F) |
|---|---|---|---|---|---|
| fA | 1 | 4.516 | 4.516 | 6.515 | 0.125 |
| fA:fC | 1 | 0.106 | 0.106 | 0.152 | 0.734 |
| Residuals | 2 | 1.386 | 0.693 |  |  |

Error: fD:fB

|  | Df | Sum Sq | Mean Sq | F value | Pr(>F) |
|---|---|---|---|---|---|
| fB | 1 | 4151 | 4151 | 432.549 | 0.0023 ** |
| fB:fC | 1 | 6 | 6 | 0.638 | 0.5081 |
| Residuals | 2 | 19 | 10 |  |  |

---
Signif. codes:  0 '***' 0.001 '**' 0.01 '*' 0.05 '.' 0.1 ' ' 1

Error: fD:fA:fB

|  | Df | Sum Sq | Mean Sq | F value | Pr(>F) |
|---|---|---|---|---|---|
| fA:fB | 1 | 771.5 | 771.5 | 1001.1 | 0.000997 *** |
| fA:fB:fC | 1 | 101.5 | 101.5 | 131.7 | 0.007507 ** |
| Residuals | 2 | 1.5 | 0.8 |  |  |

---
Signif. codes:  0 '***' 0.001 '**' 0.01 '*' 0.05 '.' 0.1 ' ' 1

この結果を見ると，(3) の 3 要因対応の場合と比べて，対応のない要因 C ($f$C) が被験者間 (群間) 要因として分析されているところが異なっている (下線部).

3・3 三元配置分散分析    147

要因 A と要因 B は被験者内（群内）要因となり，これらの関係する交互作用 $fA \times fC, fB \times fC, fA \times fB, fA \times fB \times fC$ も被験者内変動として分析される．分析結果としては，要因 B および1次の交互作用 $fA \times fB$ と 2 次の交互作用 $fA \times fB \times fC$ に有意差が認められる．

（5）1要因対応の場合の分析

表3・3・11は，（3）と同様の要因を考えて，さらに要因 B（判断）のみの1要因に対応があるデータにしたものである．被験者にはこれまでの月期の前に年度も入れて区別を図っており，H27 年，H26 年とも 1〜3 月期と 4〜6 月期が製造業，7〜9 月期と 10〜12 月期が卸売・小売業のデータとなっている．

表3・3・11 表3・3・5を1要因対応ありにした場合

| 被験者 | 要因C | 要因A | 要因B 普通/不変 | 悪い/悪化 |
|---|---|---|---|---|
| | | | 観測値 | |
| H27- 1- 3 | H27 | 製造 | 34.7 | 61.8 |
| H27- 4- 6 | | | 35.7 | 57.8 |
| H27- 7- 9 | | 卸売・小売 | 27.6 | 68.6 |
| H27-10-12 | | | 28.4 | 67.4 |
| H26- 1- 3 | H26 | 製造 | 41.1 | 51.1 |
| H26- 4- 6 | | | 38.2 | 54.6 |
| H26- 7- 9 | | 卸売・小売 | 23.6 | 74.0 |
| H26-10-12 | | | 23.6 | 73.0 |

（年・業種 は 要因C・要因A の枠内の項目）

このデータについて，（3）と同じようにスクリプトを作成し，実行する．

```
> a1← c(34.7,35.7,27.6,28.4,41.1,38.2,23.6,23.6)
> a2← c(61.8,57.8,68.6,67.4,51.1,54.6,74.0,73.0)
> x← c(a1,a2)
> n1← 2; n2← 2; n3← 2; n4← 2
> fA← rep(rep(c(rep("seizo",n4),rep("oroshi",n4)),n3),n2)
> fB← c(rep("futsu",n1*n3*n4),rep("warui",n1*n3*n4))
> fC← rep(c(rep("h27",n1*n4),rep("h26",n1*n4)),n2)
```

```
> fD←rep(c("H27-1","H27-4","H27-7","H27-10",
            "H26-1","H26-4","H26-7","H26-10"),n2)
> y← data.frame(F1=fA,F2=fB,F3=fC,F4=fD,X=x)
> summary(aov(x~fA*fB*fC+Error(fD/fB)))
```

結果は，次のようになる．

Error: fD

|       | Df | Sum Sq | Mean Sq | F value | Pr(>F)   |
|-------|----|--------|---------|---------|----------|
| fA    | 1  | 7.84   | 7.840   | 11.924  | 0.0260 * |
| fC    | 1  | 0.49   | 0.490   | 0.745   | 0.4367   |
| fA:fC | 1  | 3.24   | 3.240   | 4.928   | 0.0906 . |
| Residuals | 4 | 2.63 | 0.658 |         |          |

---

Signif. codes:  0 '***' 0.001 '**' 0.01 '*' 0.05 '.' 0.1 ' ' 1

Error: fD:fB

|          | Df | Sum Sq | Mean Sq | F value  | Pr(>F)       |
|----------|----|--------|---------|----------|--------------|
| fB       | 1  | 4077   | 4077    | 919.238  | 7.05e-06 *** |
| fA:fB    | 1  | 679    | 679     | 153.011  | 0.000245 *** |
| fB:fC    | 1  | 1      | 1       | 0.127    | 0.739729     |
| fA:fB:fC | 1  | 113    | 113     | 25.574   | 0.007195 **  |
| Residuals | 4 | 18     | 4       |          |              |

---

Signif. codes:  0 '***' 0.001 '**' 0.01 '*' 0.05 '.' 0.1 ' ' 1

この結果から，要因 A および要因 C は被験者間要因となり（下線部），これらの交互作用 $fA \times fC$ も被験者間変動として分析される．また，要因 B のみが被験者内要因であり（二重下線部），これと関係する 1 次および 2 次の交互作用 ($fA \times fB$, $fB \times fC$, $fA \times fB \times fC$) がいずれも被験者内変動として分析さ

れる．分析の結果，主効果は要因 A と要因 B，交互作用は $fA \times fB$ と $fA \times fB \times fC$ に有意差があることがわかる．

## 3・4　多重比較

多重比較については，第 2・3・3 項で述べた．その際は，ノンパラメトリックの多群検定の結果で各群の母代表値に有意差があるとわかった後に，事後比較として行われる場合を説明した．さらにそれは，どの群と群の間に差があるかどうかを調べる対比較（一対比較）であった．本節でも，分散分析の結果で主効果や交互作用に有意差が認められた後に行う事後比較の対比較について取り上げる[※1]．

### 3・4・1　一元配置分散分析の場合

#### （1）対応（繰り返し）がない場合

第 3・1・1 項の表 3・1・1 の模擬試験の例を見てみると，summary(aov) で分析した結果，水準（科目）間に有意差があることがわかっている．そこで，どの科目間に差があるのか多重検定を行う．種々の手法の中では，**テューキーの HSD 法**（Tukey's honest significant difference test）が推奨されているので[28], [29]，この方法を用いることにする．この手法は，第 2・3・3 項でテューキー・クレーマー検定（あるいはネメンニ法）として紹介した方法と同じものである[※2]．

第 3・1・1 項のデータは

---

[※1] 比較のほかに対比（contrast）がある．前者にはすべての群間で比較を行う対比較といくつかの比較だけを行う非対比較（nonpairwise conparison）もある．対比とは一対一ではなく，複数の群と複数の群間の比較や，ある群と複数の群の間の比較を行うものである[30], [31]．これらの区別を考慮して，第 2・3・3 項では一対比較という呼び方を用いたが，本節では対比較と呼ぶことにする．

[※2] 正確には，テューキーの HSD 法と，テューキーの WSD 法（Tukey's wholly significant difference test）があるが，一般に前者をテューキー法と呼ぶことが多いので[30]，本書でもそのように呼ぶことにする．

x1 ← c(66,75,50,63,81); x2 ← c(74,87,88,71,93); x3 ← c(85,92,78,79,98)

n ← length(x1)

x ← c(x1,x2,x3)

g ← c(rep("sugaku",n),rep("kokugo",n),rep("eigo",n))

であった．この後で，

> TukeyHSD(aov(x~g))

とすると次の結果が得られる（変数gを f ← factor(g)により因子型に変換してTukeyHSD(aov(x~f))としてもよい）．

　　Tukey multiple comparisons of means

　　　　95% family-wise confidence level

　Fit: aov(formula = x ~ f)

　$f

|  | diff | lwr | upr | p adj |
|---|---|---|---|---|
| kokugo-eigo | -3.8 | -20.84373 | 13.243731 | 0.8254711 |
| sugaku-eigo | -19.4 | -36.44373 | -2.356269 | <u>0.0259595</u> |
| sugaku-kokugo | -15.6 | -32.64373 | 1.443731 | 0.0740911 |

この結果には，各水準（科目）間の平均値の差，その信頼区間（confidence interval, 前著2・2・3項参照），$p$値（調整されたものであり，調整については第2・3・3項を参照）が出力されている．平均値の差の信頼区間は，母分散が未知の場合は通常$t$分布を用いて計算されるが[32]，ここではステューデント化された範囲の分布の確率点を求める関数qtukey($k, \alpha, df$)を用いて，

$$信頼区間 = 両群の平均値の差 \pm \frac{1}{\sqrt{2}} \text{qtukey}(k, \alpha, df) \times \sqrt{\frac{2V_e}{r}}$$

により求められる[10]．ただし，この関数は第2・3・3項の（4）の関数$q(k, \alpha)$と同じもので，$k$は群数，$\alpha$は有意水準，$df$は自由度（＝各群の自由度の和），$r$は各群のサイズ（同一とする），$V_e$は誤差分散（一元配置分散分析の場合の群

## 3・4 多重比較

内変動の分散と同じ）を表している．

実際にRでこの信頼区間を求めてみると，

> n ← length(x1); k ← 3
> m1 ← mean(x1); m2 ← mean(x2); m3 ← mean(x3)
> s1 ← sum((x1-m1)^2); s2 ← sum((x2-m2)^2); s3 ← sum((x3-m3)^2)
> df1 ← n-1; df2 ← n-1; df3 ← n-1
> d12 ← m1-m2
> df ← df1+df2+df3; s ← (s1+s2+s3)/df
> se ← sqrt(2*s/n)
> q ← qtukey(0.95,3,df)
> cL ← d12-q*se/sqrt(2)
> cU ← d12+q*se/sqrt(2)
> print(d12); print(cL); print(cU)
[1]   -15.6
[1]   -32.64373
[1]   1.443731

となって，数学と国語の間の平均値の差と，平均値の差の信頼区間が得られ，TukeyHSDの結果と一致している．他の科目間についても同様に求められる．

多重比較の結果からは，数学と英語の間の平均値に差が認められ（下線部），第3・1・1項の一元配置分散分析での水準間の有意差はその影響が大きいと考えられる．

ここではテューキーのHSD法による多重比較を，関数TukeyHSDを用いて行ったが，文献(29)にも同様の関数tukeyのソースコードが掲載されており，これを用いても同じ$p$値を求めることができる．

### （2）テューキーHSD法の結果のグラフ表示

テューキーHSD法を用いた多重比較の結果は，出力された数値（平均値の差，

その信頼区間，$p$値）を見ればわかるが，グラフにすると視覚的にも理解できる．そのためには，データを代入した後に，

>par(cex.axis=0.8)

> plot(TukeyHSD(aov(x~g)))

とすればよい．ただし，関数 par では軸の目盛りの大きさの調整を行っている．

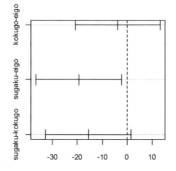

図3・4・1 テューキーHSD 法の結果のグラフ化

描かれたグラフを図3・4・1に示す．グラフには，上から国語－英語，数学－英語，数学－国語の順で，平均値の差の信頼区間が表示されている．これを見ても，数学－英語間が点線で示された 0 から大きく離れており，差があることがわかる．

### (3) 対応がある場合

第3・1・2項の結果から，表3・1・1のデータで対応があるとした場合にも，科目間に有意差があるという結果が出ている．そこで，多重比較を行うのであるが，対応のある場合の多重比較にテューキーの方法を用いることには問題があると指摘されているため[33],[34]※，ここではボンフェローニ法とホルム法を用いることにする．

これらの方法については，第2・3・3節でも取り上げたので，まずボンフェローニ法を適用してみると，(1) の第3・1・2項のデータが

x1← c(66,75,50,63,81); x2← c(74,87,88,71,93)

x3← c(85,92,78,79,98);n← length(x1);k←3

x← c(x1,x2,x3)

g1← c(rep("x1",n),rep("x2",n),rep("x3",n))

---

※ 文献(33)によれば，この理由は$q$分布（ここではqtukey関数）が独立な標準正規分布をベースに作成されているため，データが独立であるという制約があるためである．

と代入されているとして,

&gt; pairwise.t.test(x,g1,p.adjust.method="bonferroni",paired=T)

とすると,

        Pairwise comparisons using paired t tests

data:   x and g1

|    | x1     | x2     |
|----|--------|--------|
| x2 | 0.1540 | -      |
| x3 | <u>0.0028</u> | 1.0000 |

P value adjustment method: bonferroni

と出力される．この結果から，$x1$（数学）と$x3$（英語）について有意差が認められる（下線部）．

同様にホルム法でも,

&gt; pairwise.t.test(x,g1,p.adjust.method="holm",paired=T)

        Pairwise comparisons using paired t tests

data:   x and g1

|    | x1     | x2     |
|----|--------|--------|
| x2 | 0.1027 | -      |
| x3 | <u>0.0028</u> | 0.3537 |

P value adjustment method: holm

となって，同じ結論が得られる（下線部）．第2・3・3項で述べたように，ホルム法の方が$p$値の調整は緩くなっている．

### (4) 対応がある場合の平均値のグラフ表示

対応がある場合の多重比較の結果を視覚的に表すための，テューキーHSD法の場合のような関数はないが，各群の平均値を表示させる関数 plotmeans がパッケージ"gplots"の中にある．第2・2・2項のパッケージの関数の利用法を参照して，このパッケージを

```
> install.packages("gplots",dependen
  cies=TRUE)
> library(gplots)
```
によりインストールした後，
```
> plotmeans(x~g1)
```
とすれば図3・4・2が描画される．

このグラフでは，各群の平均値と標準偏差の範囲が表示されており，数学と英語の平均値の差が大きい様子が見て取れる．

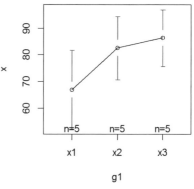

図3・4・2　対応のある場合の平均値のグラフ

### 3・4・2　二元配置分散分析の場合

二元配置分散分析の場合の多重比較は要因間の交互作用があるため，交互作用に有意差がある場合と，ない場合に分けて考える必要がある[35],[36]．

### (1) 繰り返しのない場合

この場合の多重比較は交互作用はないので，対応がない一元配置と同様にテューキーHSD法を用いて多重比較を行えばよい．第3・2・1節の表3・2・1の例について考えると，分散分析の結果から再生可能エネルギーの種類について有意差があったから，この要因について多重比較を行う（もし，国名についても有意差があれば，この要因についても行うことになる）．

同表のデータは次のように変数に代入されているとする．

```
x1← c(432,5489,1797,2005,3438); x2← c(612,491,3474,2710,554)
x3← c(46,91,700,343,84); x4← c(1,114,249,8,4957)
x5← c(4035,12643,19547,4949,4361)
n← length(x1); k← 5
x← c(x1,x2,x3,x4,x5)
```

## 3・4 多重比較

g1 ← c(rep("x1",n),rep("x2",n),rep("x3",n),rep("x4",n),rep("x5",n))

前項同様に関数 TukeyHSD を用いて，

> TukeyHSD(aov(x~g1))

とすると，次の結果が得られる．

Tukey multiple comparisons of means

95% family-wise confidence level

Fit: aov(formula = x ~ g1)

$g1

|       | diff    | lwr        | upr       | p adj     |
|-------|---------|------------|-----------|-----------|
| x2-x1 | -1064.0 | -7469.2179 | 5341.218  | 0.9867195 |
| x3-x1 | -2379.4 | -8784.6179 | 4025.818  | 0.7985816 |
| x4-x1 | -1566.4 | -7971.6179 | 4838.818  | 0.9464639 |
| x5-x1 | 6474.8  | 69.5821    | 12880.018 | <u>0.0467746</u> |
| x3-x2 | -1315.4 | -7720.6179 | 5089.818  | 0.9710738 |
| x4-x2 | -502.4  | -6907.6179 | 5902.818  | 0.9992666 |
| x5-x2 | 7538.8  | 1133.5821  | 13944.018 | <u>0.0162606</u> |
| x4-x3 | 813.0   | -5592.2179 | 7218.218  | 0.9952122 |
| x5-x3 | 8854.2  | 2448.9821  | 15259.418 | <u>0.0041457</u> |
| x5-x4 | 8041.2  | 1635.9821  | 14446.418 | <u>0.0096992</u> |

この結果から，$x5$（バイオマス等）について，他のすべての水準との間に有意差があることがわかる（下線部）．

### （2－1）繰り返しのある場合（対応なし）－単純主効果の検定

繰り返しのある場合は主効果と交互作用を考える必要がある．分散分析の結果，交互作用に有意差がなければ，（1）と同様に主効果のみについて関数 TukeyHSD で多重比較を行うとよい．

しかし，表3・2・3のデータの場合のように主効果（エネルギー）にも交

互作用（エネルギーと国名）にも有意差があるときには，単純に主効果のみの比較を行うことはできない．交互作用がある場合は要因が影響し合っているため，要因ごとの多重比較ができないからである．この場合には，2つの要因のうちの一方の水準を固定して，他方の水準間の分析を行う．このような分析を**単純主効果の検定**（simple main effects test または simple main effects analysis, simple を付けずに単に main effect test とすることもある）という．たとえば，要因 A（2 水準）と要因 B（3 水準）の交互作用が有意であるとしたときに行う必要のある分析を表3・4・1に示す．

表3・4・1 単純主効果の検定（要因A：2水準，要因B：3水準）

| 要因 | 固定する水準 | 分析(検定)の種類 |
|---|---|---|
| A | A1 | 要因Bの水準B1,B2,B3間の一元配置分散分析 |
|   | A2 | 要因Bの水準B1,B2,B3間の一元配置分散分析 |
| B | B1 | 要因Aの水準A1,A2間の$t$検定 |
|   | B2 | 要因Aの水準A1,A2間の$t$検定 |
|   | B3 | 要因Aの水準A1,A2間の$t$検定 |

分析する要因の水準数により，3 水準以上では一元配置分散分析，2 水準では$t$検定となる（さらに，データに対応がある場合とない場合で区別が必要である）．分散分析を行った後に，主効果について行う多重比較や，交互作用が有意であるときに行う単純主効果検定のことを総称して**下位検定**（sub-effect test）と呼ぶ．

実際に，表3・2・3のデータについて単純主効果の検定を行ってみよう．主効果である国名（要因 A とする）とエネルギーの種類（要因 B とする）に交互作用があるので，これらについて単純主効果の検定を行う．各変数にはデータが次のように代入されているものとする．

f1← c(4451,4828,5004,5489)/10; d1← c(1684,1714,1798,1797)/10

f2← c(130,130,130,114)/10; d2← c(149,181,212,249)/10

## 3・4 多重比較

 f3← c(11564,11683,12235,12643)/10; d3← c(11352,15198,20141,19547)/10
 n1← 3; n2← 2; n3← 4
 sui← c(f1,d1); chi← c(f2,d2);bio← c(f3,d3)
 x← c(sui,chi,bio)
 kuni← c(rep(c(rep("fra",n3),rep("deu",n3)),n1))
 n23← n2*n3
 energy← c(rep("sui",n23),rep("chi",n23),rep("bio",n23))

このとき，データフレームを用いて，

 y← data.frame(Kuni=kuni,Energy=energy,X=x)

とすることも前述した．

 まず，要因Aを固定して要因Bに関する一要因分散分析を行う．最初に要因Aの水準A1（フランス）について

 > y1← subset(y,Kuni=="fra")

として，全データ$y$からフランスのデータだけを取り出す．取り出した結果を出力してみると

 > print(y1)

|    | Kuni | Energy | X      |
|----|------|--------|--------|
| 1  | fra  | sui    | 445.1  |
| 2  | fra  | sui    | 482.8  |
| 3  | fra  | sui    | 500.4  |
| 4  | fra  | sui    | 548.9  |
| 9  | fra  | chi    | 13.0   |
| 10 | fra  | chi    | 13.0   |
| 11 | fra  | chi    | 13.0   |
| 12 | fra  | chi    | 11.4   |
| 17 | fra  | bio    | 1156.4 |

| 18 | fra | bio | 1168.3 |
| 19 | fra | bio | 1223.5 |
| 20 | fra | bio | 1264.3 |

となる．関数 subset は，データフレームから指定された条件に合うデータだけを抽出するものである．そして次のようにして分析する．

> summary(aov(y1$X~y1$Energy))

|  | Df | Sum Sq | Mean Sq | F value | Pr(>F) |
|---|---|---|---|---|---|
| y1$Energy | 2 | 2869090 | 1434545 | 983.6 | 2.9e-11 *** |
| Residuals | 9 | 13127 | 1459 | | |

---
Signif. codes: 0 '***' 0.001 '**' 0.01 '*' 0.05 '.' 0.1 ' ' 1

この分析結果から，要因 A の水準が A1 のとき，要因 B には有意差があることがわかる．同様に水準 A2（ドイツ）についても要因 B の分析を行う．

> y2 ← subset(y,Kuni=="deu")
> summary(aov(y2$X~y2$Energy))

|  | Df | Sum Sq | Mean Sq | F value | Pr(>F) |
|---|---|---|---|---|---|
| y2$Energy | 2 | 6526454 | 3263227 | 57.88 | 7.27e-06*** |
| Residuals | 9 | 507397 | 56377 | | |

---
Signif. codes: 0 '***' 0.001 '**' 0.01 '*' 0.05 '.' 0.1 ' ' 1

水準 A2 のときも，要因 B に有意差が認められる．

次に要因 B を固定して，要因 A の分析を行う．まず，水準を B1（水力）として，

> z1 ← subset(y,Energy=="sui")

とした後，関数 t.test を用いて $t$ 検定により，次のように平均値の差の検定を行う（前著第 2・3・2 項および第 3・5・1 項参照）．ただし，等分散の仮定が成り

立つものとする.

> t.test(z1\$X~z1\$Kuni,var.equal=T)

   Two Sample t-test

data: z1\$X by z1\$Kuni

t = -14.694, df = 6, p-value = <u>6.241e-06</u>

alternative hypothesis: true difference in means is not equal to 0

95 percent confidence interval:

 -372.6768 -266.2732

sample estimates:

mean in group deu  mean in group fra

    174.825     494.300

出力結果の $p$ 値(下線部)を見ると,要因 A の 2 つの水準間には有意差があることがわかる.

同様に要因 B を水準 B2, B3 と固定して,それぞれ

> z2 ← subset(y,Energy=="chi")

> t.test(z2\$X~z2\$Kuni,var.equal=T)

> z3 ← subset(y,Energy=="bio")

> t.test(z3\$X~z3\$Kuni,var.equal=T)

として求めた $p$ 値を表 3・4・2 に示す.

表 3・4・2　要因 B を固定にした多重比較の結果

| 水準 | 分析要因 | $p$ 値 |
|---|---|---|
| B2 | A：A1・A2 間 | <u>0.01644</u> |
| B3 | A：A1・A2 間 | 0.07144 |

この結果から,水準 B2 のときの要因 A の水準間(下線部)には有意差が認められる.

### (2-2) 繰り返しのある場合(対応なし)-多重比較

単純主効果の検定で有意差があり,(2-1)の要因 A を固定した例のように,それが 3 水準の間の関係であるときには,さらに多重比較を行う.多重比較にはテューキーHSD 法を用いると,それぞれ次のようになる.

> TukeyHSD(aov(y1\$X~y1\$Energy))

Tukey multiple comparisons of means

95% family-wise confidence level

Fit: aov(formula = y1$X ~ y1$Energy)

$`y1$Energy`

|  | diff | lwr | upr | p adj |
|---|---|---|---|---|
| chi-bio | -1190.525 | -1265.9227 | -1115.1273 | <u>0e+00</u> |
| sui-bio | -708.825 | -784.2227 | -633.4273 | <u>0e+00</u> |
| sui-chi | 481.700 | 406.3023 | 557.0977 | <u>1e-07</u> |

> TukeyHSD(aov(y2$X~y2$Energy))

Tukey multiple comparisons of means

95% family-wise confidence level

Fit: aov(formula = y2$X ~ y2$Energy)

$`y2$Energy`

|  | diff | lwr | upr | p adj |
|---|---|---|---|---|
| chi-bio | -1636.175 | -2104.9386 | -1167.4114 | <u>0.0000118</u> |
| sui-bio | -1481.125 | -1949.8886 | -1012.3614 | <u>0.0000268</u> |
| sui-chi | 155.050 | -313.7136 | 623.8136 | 0.6399399 |

これらの結果から次のことがわかる．①要因 A が水準 A1 のときは，地熱，バイオマス等，水力のどの 2 つの水準の間にも有意差がある（下線部）．②水準 A2 のときには，地熱とバイオマス等，水力とバイオマス等の 2 つの関係に有意差がある（二重下線部）．

### （3）繰り返しのある場合（1 要因対応あり）

第 3・2・3 項の表 3・2・6 のデータを例にして説明する．この場合の分散分析の結果は，同項に示したとおり，主効果に有意差はなく，交互作用も $p$ 値 =0.0716 と小さいものの有意水準には達していなかった．したがって，この例では下位検定を行う必要はない．

## 3・4 多重比較

　もし，交互作用があれば（2－1）と同様に単純主効果の検定を行う．そうではなくて，交互作用がなく主効果に有意差が認められる場合には，その要因について，2水準であれば$t$検定，3水準以上であれば多重比較を行う．多重比較では，対応のある要因のときにはボンフェローニ法，そうでなければテューキーHSD法を用いる．表3・2・6では要因A（土地の用途）と要因B（調査年）の要因があり，要因Bは3水準で対応ありなので，この要因に関する比較はボンフェローニ法で行うことになる（要因Aは$t$検定となる）．

　これらの検定や比較の実行方法については，これまでに述べた手順と同じであるので，ここでは省略する（次の2要因対応ありの場合で，単純主効果の検定を行う）．

### （4）繰り返しのある場合（2要因対応あり）

　次に，第3・2・3項の表3・2・7のデータの例について考える．この例は表3・2・6を2要因対応ありにしたもので，分析結果から要因A（土地の用途）に対して有意差が認められている．また，それと要因B（調査年）との間の交互作用もあることがわかっている．この場合，主効果に関する分析はできないので，交互作用に関する下位検定，すなわち単純主効果の検定を行うことになる（もし，交互作用がなければ，上述の1要因対応ありの場合と同様に主効果に対する分析を行う）．

　同表のデータが次のように変数に代入されているものとする．ただし，このデータは対応ありのデータであるから繰り返し方向（要因C）の都市名も必要である（変数$city$）．

```
d1← c(2.1,1.7,0.2,1.1); d2← c(2.1,1.4,0.2,0.9); d3← c(2.7,0.9,0.2,0.9)
d4← c(3.2,2.2,0.3,2.2); d5← c(4.0,2.5,0.4,2.5); d6← c(4.9,2.5,1.2,2.4)
n1← 2; n2← 3; n3← 4; n23← n2*n3
x← c(d1,d2,d3,d4,d5,d6)
nen← c(rep(c(rep("h26",n3),rep("h27",n3),rep("h28",n3)),n1))
```

```
yoto ← c(rep("tak",n23),rep("sho",n23))
city ← c(rep(c("tok","yok","chi","sai"),n1*n2))
y ← data.frame(Nen=nen,Yoto=yoto,City=city,X=x)
```

そして,(2-1)の表3・4・1と同じようにして,まず要因Aを固定にして要因Bの分析を行う.ここで,要因B(調査年)は対応のあるデータとなっているので,第3・1・2項の対応のある一元配置分散分析を行うことになる.

要因Aの水準をA1(宅地)に固定したときは,

```
> y1 ← subset(y,Yoto=="tak")    #水準A1に固定
> summary(aov(y1$X~y1$Nen+y1$City))
```

|          | Df | Sum Sq | Mean Sq | F value | Pr(>F)        |
|----------|----|--------|---------|---------|---------------|
| y1$Nen   | 2  | 0.035  | 0.0175  | 0.188   | 0.833267      |
| y1$City  | 3  | 6.847  | 2.2822  | 24.525  | 0.000911 ***  |
| Residuals| 6  | 0.558  | 0.0931  |         |               |

---

Signif. codes:  0  '***'  0.001  '**'  0.01  '*'  0.05  '.'  0.1  ' '  1

となり,繰り返し方向の要因C(都市名)に有意差がある(下線部).同様に,水準A2(商業地)に固定すると,

```
> y2 ← subset(y,Yoto=="sho")    #水準A2に固定
> summary(aov(y2$X~y2$Nen+y2$City))
```

|          | Df | Sum Sq | Mean Sq | F value | Pr(>F)       |
|----------|----|--------|---------|---------|--------------|
| y2$Nen   | 2  | 1.202  | 0.601   | 4.30    | 0.06940 .    |
| y2$City  | 3  | 17.349 | 5.783   | 41.39   | 0.00021 ***  |
| Residuals| 6  | 0.838  | 0.140   |         |              |

---

Signif. codes:  0  '***'  0.001  '**'  0.01  '*'  0.05  '.'  0.1  ' '  1

となり,この場合も要因Cに有意差があるが(下線部),要因B(調査年)の$p$

## 3・4 多重比較

値もかなり小さいことがわかる．

対応がある一元配置分散分析は繰り返しのない二元配置分散分析と同じものと考えることができるので（第3・2・1項参照），要因 C についてさらに多重比較を行うには，（1）と同様に関数 TukeyHSD により

　TukeyHSD(y1$X~y1$City)

　TukeyHSD(y2$X~y2$City)

とすればよい．これらの結果の$p$値を表3・4・3にまとめた．この表から，要因A（土地の用途）に関係なく，横浜—さいたま間を除くすべての都市間で有意差が認められることがわかる（塗りつぶしたセル）．

表3・4・3　要因Aを固定したときの多重比較の結果

| 要因C | 水準A1固定 | 水準A2固定 |
|---|---|---|
| さいたま—千葉 | 0.0354539 | 0.0126986 |
| 東京—千葉 | 0.0000604 | 0.000162 |
| 横浜—千葉 | 0.0041121 | 0.0114199 |
| 東京—さいたま | 0.0014603 | 0.0157376 |
| 横浜—さいたま | 0.4065433 | 0.9997937 |
| 横浜—東京 | 0.010526 | 0.0175393 |

水準 A2 のときの要因 B（調査年）についても比較を行ってみると，この場合は対応のあるデータとなるのでテューキーHSD法は使えず，ボンフェローニ法を用いることになる．

```
> pairwise.t.test(y2$X,y2$Nen,p.adjust.method="bonferroni",paired=T)

        Pairwise comparisons using paired t tests

   data:  y2$X and y2$Nen

        h26   h27
   h27  0.26  -
   h28  0.33  0.67
```

となって，やはり有意差は認められない．

次に要因 B（調査年）を固定とする．要因Aは2水準であるから$t$検定を行え

ばよい．そこで，要因 B の各水準に対して，

 z1 ← subset(y,Nen=="h26")

 z2 ← subset(y,Nen=="h27")

 z3 ← subset(y,Nen=="h28")

とデータを抽出して，

 t.test(z1$X~z1$Yoto,paired=T)

 t.test(z2$X~z2$Yoto,paired=T)

 t.test(z3$X~z3$Yoto,paired=T)

と，それぞれのデータの平均値の差の検定を行う．ただし，各データは調査年に対して都市と対応付けられているのでパラメータ paired を TRUE（T でもよい）として，対応のある 2 群の $t$ 検定とする（第 2・1・1 項参照）．

検定結果をまとめたものが表 3・4・4 である．これより，水準 B2（H27 年），B3（H28 年）のときには要因 A（土地の用途）に有意差が見られる（塗りつぶしたセル）．

表 3・4・4 要因 B を固定にした多重比較の結果

| 水準 | 分析要因 | $p$ 値 |
|---|---|---|
| B1 | A : A1・A2 間 | 0.0647 |
| B2 | A : A1・A2 間 | 0.04835 |
| B3 | A : A1・A2 間 | 0.007739 |

（5）下位検定の流れ

ここで，これまでの手順を図 3・4・3 に整理しておく．ただし，二元配置分散分析で，要因 A（2 水準）および要因 B（3 水準）の場合とする．図中の多重比較は，対応のあるデータの場合はボンフェローニ法，対応のない場合はテューキーHSD 法とする．

### 3・4・3 三元配置分散分析の場合

（1）繰り返しのない場合

三元配置分散分析で繰り返しのない場合は，これまでの一元配置や二元配置の場合と同じく，有意差のある主効果に関して多重比較を行えばよい．多重比

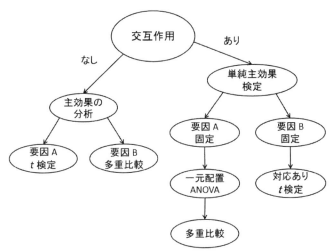

図3・4・3 二元配置分散分析の下位検定の流れ

較には,テューキーHSD法を用いる.手順は前項(1)の二元配置の場合と同様であるので,ここでは省略する.

(2)繰り返しのある場合(対応なし)

繰り返しのある場合も,交互作用がなければ有意差のある主効果に対する多重比較を行うだけである.交互作用があるときには,1次の交互作用と2次の交互作用について考えることになり,前者は二元配置の場合と同様であるが,後者はさらに複雑な分析となる.

第3・3・2項の表3・3・5の例について考えることにして,次のようにデータが各変数に代入されているものとする.

 a1← c(34.7,35.7,38.6,37.1); a2← c(61.8,57.8,55.5,55.2)
 a3← c(25.9,28.6,27.6,28.4); a4← c(71.3,67.8,68.6,67.4)
 a5← c(41.1,38.2,41.1,41.5); a6← c(51.1,54.6,55.3,51.4)
 a7← c(31.2,27.0,23.6,23.6); a8← c(63.0,70.1,74.0,73.0)
 x← c(a1,a2,a3,a4,a5,a6,a7,a8)

```
n1← 2; n2← 2; n3← 4; n4← 2; n23← n2*n3
fA← rep(c(rep("seizo",n23),rep("oroshi",n23)),n4)
fB← rep(c(rep(c(rep("futsu",n3),rep("warui",n3)),n1)),n4)
fC← rep(c(rep(c(rep(c("k1-3","k4-6","k7-9","k0-2"),n1*n2)),n4)
y← data.frame(F1=fA,F2=fB,F3=fC,X=x)
```

同項の分析結果より,主効果は要因 B (判断),交互作用は 1 次の要因 A (業種) ×要因 B について有意差がある.したがって,この交互作用に関する単純主効果の検定を行う.

```
> y1← subset(y,F1=="seizo")    #水準 A1 に固定
> t.test(y1$X~y1$F2,var.equal=T)
```

この場合は,対応のない 2 群データであるので,対応のない $t$ 検定となる.結果は

```
        Two Sample t-test

data:  y1$X by y1$F2
t = -11.105, df = 14, p-value = 2.513e-08
alternative hypothesis: true difference in means is not equal to 0
95 percent confidence interval:
 -20.08946 -13.58554
sample estimates:
mean in group futsu mean in group warui
            38.5000             55.3375
```

となって,要因 B には有意差があることがわかる.同様に水準を A2 に固定したときの $p$ 値は,1.386e-13 となり,この場合も要因 B には有意差が認められる.

【問 3・4・1】 要因 B を固定したときの,要因 A について上述と同様の分析を行え.

[略解] 要因 A も 2 水準であり,対応はないから,次のようにして $t$ 検定を行うとよい.

z1 ← subset(y,F2=="futsu"); t.test(z1$X~z1$F1,var.equal=T)

z2 ← subset(y,F2=="warui"); t.test(z2$X~z2$F1,var.equal=T)

結果の$p$値はそれぞれ，3.878e-7（B1 に固定したとき），1.163e-6（B2 に固定したとき）となり，どちらの場合も要因 A には有意差があることがわかる．

### （3）繰り返しのある場合（3 要因対応）

繰り返しがあり，かつ対応もある場合について第3・3・2項と同じく3要因対応から順に考える．（2）と同様に表3・3・5のデータを例に取ると，この例では主効果である要因 B（判断）にのみ有意差が見られ，交互作用には有意差はない．そこで，要因 B の 2 水準間に有意差があるとして分析は終了する．

### （4）繰り返しのある場合（2 要因対応）

この場合は第3・3・2項の表3・3・10の例を考える．この例は要因 A（業種）と要因 B（判断）については対応があり，要因 C（調査年）には対応がなかった．また，三元配置分散分析の結果からは要因 B（判断），1 次の交互作用の要因 A（業種）×要因 B，2 次の交互作用の要因 A（業種）×要因 B×要因 C（調査年）に有意差があることがわかっている．そこで，下位検定として 2 次の交互作用に関して次のような分析を行う（要因 A と要因 B 間の 1 次の交互作用の分析は行わなくてよい）．

①要因 A の水準を固定したときの，要因 B×要因 C の分析

②要因 B の水準を固定したときの，要因 A×要因 C の分析

③要因 C の水準を固定したときの，要因 A×要因 B の分析

これらの 3 通りの分析を行う必要がある．このような，1 つの要因を固定して交互作用の分析を行うことを**単純交互作用の検定**（simple interaction analysis）という．その検定の結果が有意である交互作用については，さらに 1 つの要因を固定して主効果の分析を行うことになり，これを**単純・単純主効果の検定**（simple simple main effect analysis）という．

まず，データが次のように代入されているとする．

a1← c(34.7,35.7,41.1,41.5); a2← c(61.8,57.8,55.3,51.4)

a3← c(25.9,28.6,23.6,23.6); a4← c(71.3,67.8,74.0,73.0)

x← c(a1,a2,a3,a4)

n1← 2; n2← 2; n3← 2; n4← 2; n23← n2*n3

fA← c(rep("seizo",n23*n4),rep("oroshi",n23*n4))

fB← c(rep(c(rep("futsu",n3*n4),rep("warui",n3*n4)),n1))

fC← rep(c(rep("h27",n4),rep("h26",n4)),n1*n2)

fD← c(rep(c("k1-3","k4-6","k7-9","k0-2"),n1*n2))

y← data.frame(F1=fA,F2=fB,F3=fC,F4=fD,X=x)

① －1：要因 A（業種）を水準 A1（製造業）に固定したとき

1 要因（要因 B）対応ありの二元配置分散分析を，次のスクリプトにより行う（第3・3・2項（4）参照）．

y1← subset(y,F1=="seizo")　#水準 A1 に固定

attach(y1)

summary(aov(X~F2*F3+Error(F4/F2)))

detach(y1)

結果は次のようになる．

Error: F4

|  | Df | Sum Sq | Mean Sq | F value | Pr(>F) |
|---|---|---|---|---|---|
| F3 | 1 | 0.061 | 0.0612 | 0.023 | 0.893 |
| Residuals | 2 | 5.312 | 2.6562 |  |  |

Error: F4:F2

## 3・4　多重比較

|  | Df | Sum Sq | Mean Sq | F value | Pr(>F) |
|---|---|---|---|---|---|
| F2 | 1 | 671.6 | 671.6 | 123.54 | <u>0.0080</u> ** |
| F2:F3 | 1 | 78.8 | 78.8 | 14.49 | 0.0626 . |
| Residuals | 2 | 10.9 | 5.4 | | |

---

Signif. codes:　0　'\*\*\*'　0.001　'\*\*'　0.01　'\*'　0.05　'.'　0.1　' '　1

この結果から，要因B（判断）に有意差が認められる（下線部）．

①－2：要因A（業種）を水準A2（卸売・小売業）に固定したとき

同様に次のようにする．

　　y2 ← subset(y,F1=="oroshi")　　#水準A2に固定

　　attach(y2)

　　summary(aov(X~F2*F3+Error(F4/F2)))

　　detach(y2)

結果の詳細は省略して，$p$値のみ記すと，

　F2 － <u>0.00116</u>

　F3 － 0.686

　F2：F3 － 0.13659

となって，この場合も要因Bに有意差が認められる（下線部）．

②－1：要因B（判断）を水準B1（普通／不変）に固定にしたとき

1要因（要因A）対応ありの二元配置分散分析を行う．要因Aを固定したときと同様に，次のようにする．

　　z1 ← subset(y,F2=="futsu")　　#水準B1に固定

　　attach(z1)

　　summary(aov(X~F1*F3+Error(F4/F1*F3)))

　　detach(z1)

このスクリプトの実行結果の$p$値は次のようになる．

F1 — <u>0.00116</u>

F3 — 0.319

F1：F3 — <u>0.00793</u>

したがって，要因 A と要因 C の交互作用が有意であるから（下線部）単純・単純主効果検定を行う．

この検定は単純主効果の検定と同じように2つの要因のどちらかを固定して残りの要因の分析を行えばよい．ここではどちらの要因も 2 水準であるため，分析は$t$検定となる．スクリプトを次に示す．

z11← subset(z1,F1=="seizo")　　#水準 A1 に固定

t.test(z11$X~z11$F3,var.equal=T)

z12← subset(z1,F1=="oroshi")　　#水準 A2 に固定

t.test(z12$X~z12$F3,var.equal=T)

z13← subset(z1,F3=="h27")　　#水準 C1 に固定

t.test(z13$X~z13$F1,paired=T)

z14← subset(z1,F3=="h26")　　#水準 C2 に固定

t.test(z14$X~z14$F1,paired=T)

ここで，要因 A は対応あり，要因 C は対応なしのデータであるから，$t$検定はそれぞれ対応ありとなしの検定となる．この実行結果の$p$値は次のようになる．

A1：C　—　<u>0.007704</u>

A2：C　—　0.1139

C1：A　—　<u>0.06781</u>

C2：A　—　<u>0.007193</u>

よって，要因 B の水準 B1 で要因 A が水準 A1 のとき（B1：A1：C と表記する）要因 C は有意差ありとなり，同じく B1：C2：A にも有意差がある（いずれも下線部）．B1：C1：A は有意水準を満たさないが，かなり小さな値となっている（二重下線部）．

## 3・4 多重比較

②-2：要因B（判断）を水準B2（悪い／悪化）に固定したとき

上述と同様に次のようにする．

z2 ← subset(y,F2=="warui")　　#水準B2に固定

attach(z2)

summary(aov(X~F1*F3+Error(F4/F1*F3)))

detach(z2)

このスクリプトの実行結果の$p$値は

F1 — <u>0.00241</u>

F3 — 0.633

F1：F3 — <u>0.01944</u>

となり，下線部では有意差が認められるから，次に要因Aと要因Cの交互作用について単純・単純主効果検定を行う．この分析は次の問3・4・2で行うことにする．

【問3・4・2】　要因Bを水準B2に固定したときの単純交互作用である要因A×要因Cについて，単純・単純主効果検定を行え．

［略解］水準B1に固定したときと同様に，次のようにする

z21 ← subset(z2,F1=="seizo"); t.test(z21$X~z21$F3,var.equal=T)

z22 ← subset(z2,F1=="oroshi"); t.test(z22$X~z22$F3,var.equal=T)

z23 ← subset(z2,F3=="h27"); t.test(z23$X~z23$F1,paired=T)

z24 ← subset(z2,F3=="h26"); t.test(z24$X~z24$F1,paired=T)

結果の$p$値は次のようになる．

A1：C — 0.1472

A2：C — 0.1622

C1：A — <u>0.01632</u>

C2：A — <u>0.04573</u>

よって，B2：C1：AとB2：C2：Aのとき有意差がある（下線部）．

③-1：要因C（調査年）を水準C1（H27年）に固定したとき

この場合は，要因 A（業種）と要因 B（判断）はそれぞれ対応があるデータなので，2 要因対応ありの二元配置分散分析（第 3・3・2 項（3）参照）を用いることになるから，

w1 ← subset(y,F3=="h27")　　#水準 C1 に固定
attach(w1)
summary(aov(X~F1*F2+Error(F4/(F1*F2))))
detach(w1)

のスクリプトを実行すると，次の結果が得られる．

Error: F4

|  | Df | Sum Sq | Mean Sq | F value | Pr(>F) |
|---|---|---|---|---|---|
| Residuals | 1 | 1.805 | 1.805 | | |

Error: F4:F1

|  | Df | Sum Sq | Mean Sq | F value | Pr(>F) |
|---|---|---|---|---|---|
| F1 | 1 | 1.620 | 1.620 | 2.6777 | 0.3492 |
| Residuals | 1 | 0.605 | 0.605 | | |

Error: F4:F2

|  | Df | Sum Sq | Mean Sq | F value | Pr(>F) |
|---|---|---|---|---|---|
| F2 | 1 | 2237.80 | 2237.80 | 142.72 | 0.05317 . |
| Residuals | 1 | 15.68 | 15.68 | | |

---

|  | Df | Sum Sq | Mean Sq | F value | Pr(>F) |
|---|---|---|---|---|---|
| F1:F2 | 1 | 156.65 | 156.65 | 870.25 | 0.02157 * |
| Residuals | 1 | 0.18 | 0.18 | | |

---

Signif. codes:　0　'***'　0.001　'**'　0.01　'*'　0.05　'.'　0.1　' '　1

結果を見ると，要因 B が有意水準に近い数値であること（点線下線部）と，要因 A×要因 B の交互作用に有意差があること（下線部）がわかる．

## 3・4 多重比較

③－2：要因C（調査年）を水準C2（H26年）に固定したとき

上と同様に，

w2← subset(y,F3=="h26")　　#水準C2に固定

attach(w2)

summary(aov(X~F1*F2+Error(F4/(F1*F2))))

detach(w2)

とすればよい．このスクリプトの実行結果は省略するが，次の$p$値が得られる．

F1 － 0.3003

F2 － <u>0.02722</u>

F1：F2 － <u>0.02773</u>

となって，要因Bと要因A×要因Bの交互作用に有意差が認められる（下線部）．

③－1と③－2のいずれの場合にも交互作用に有意差があったので，単純・単純主効果検定をすることになるが，次の問いで行うことにする．

**【問3・4・3】** 要因Cを水準C1およびC2に固定したときのそれぞれの場合について，単純交互作用の要因A×要因Bに関する単純・単純主効果検定を行え．

［略解］水準B1に固定したときと同様に，次のようにする

③－1の場合：

w11← subset(w1,F1=="seizo"); t.test(w11$X~w11$F2,paired=T)

w12← subset(w1,F1=="oroshi"); t.test(w12$X~w12$F2,paired=T)

w13← subset(w1,F2=="futsu"); t.test(w13$X~w13$F1,paired=T)

w14← subset(w1,F2=="warui"); t.test(w14$X~w14$F1,paired=T)

このときの$p$値は次のようになる．

A1．B － 0.06448

A2：B － <u>0.04657</u>

B1：A － 0.06781

B2：A  —  <u>0.01632</u>

したがって，C1：A2：B と C1：B2：A のとき有意差がある（下線部）．

③－2の場合：

w21← subset(w2,F1=="seizo"); t.test(w21$X~w21$F2,paired=T)

w22← subset(w2,F1=="oroshi"); t.test(w22$X~w22$F2,paired=T)

w23← subset(w2,F2=="futsu"); t.test(z23$X~w23$F1,paired=T)

w24← subset(w2,F2=="warui"); t.test(w24$X~w24$F1,paired=T)

このときの$p$値は次のようになる．

A1：B  —  0.1124
A2：B  —  <u>0.006379</u>
B1：A  —  <u>0.007193</u>
B2：A  —  <u>0.04573</u>

この結果から，C2：A2：B，C2：B1：A，C2：B2：A のとき有意差があることがわかる（下線部）．

ここで行ったような単純交互作用の検定を実施する前に，2 要因間の関係をグラフ化してみてもよい．第 3・2・2 項(3)で述べたように，関数 interaction.plot を用いれば容易に行うことができる．たとえば，①－1 で要因 A を水準 A1 に固定した場合の要因 B×要因 C について調べる前に，

> attach(y1)
> interaction.plot(F2,F3,X)
> detach(y1)

とすると図 3・4・4 が描画される．グラフから要因 B と要因 C の直線には交差が見られるので交互作用があると推測される（実際には，$p$ 値が 0.0626 で小さい値ではあるが，有意水準以下にはならない）．他の場合

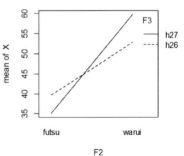

図 3・4・4 水準 A1 に固定したときの B×C の関係

3・4　多重比較

も同様に，計算を行う前にグラフ化により視覚的に交互作用の有無を推測することが可能である．

**（5）繰り返しのある場合（1要因対応）**

第3・3・2項の表3・3・11の例を考える．これは要因B（判断）の1要因のみに対応がある例であり，分析結果は，要因A（業種），要因Bの主効果と，2次の交互作用の要因A×要因B×要因Cに有意差が認められるというものであった．したがって，（4）と同じく2次の交互作用について単純交互作用の検定を行うことになる．そして，その結果として有意差が認められたときは単純・単純主効果検定へと進むという手順である．

データは次のように代入されているとする．

a1 ← c(34.7,35.7,27.6,28.4,41.1,38.2,23.6,23.6)

a2 ← c(61.8,57.8,68.6,67.4,51.1,54.6,74.0,73.0)

x ← c(a1,a2)

n1 ← 2; n2 ← 2; n3 ← 2; n4 ← 2

fA ← rep(rep(c(rep("seizo",n4),rep("oroshi",n4)),n3),n2)

fB ← c(rep("futsu",n1*n3*n4),rep("warui",n1*n3*n4))

fC ← rep(c(rep("h27",n1*n4),rep("h26",n1*n4)),n2)

fD ← rep(c("H27-1","H27-4","H27-7","H27-10","H26-1","H26-4","H26-7",
　　　　　"H26-10"),n2)

y ← data.frame(F1=fA,F2=fB,F3=fC,F4=fD,X=x)

このときの下位検定をこれまでの手順の復習と考えて，その流れに沿って要点のみをまとめてみよう．詳細は（4）の場合とほぼ同様であるので，各自試みられたい．

①**単純交互作用の検定**

（4）の場合と同様に単純交互作用検定を行った結果の$p$値を表3・4・5に示す．

表3・4・5　1要因対応の場合の単純交互作用検定の結果

| 要因A固定($y$) | | 要因B固定($z$) | | 要因C固定($w$) | |
|---|---|---|---|---|---|
| 2wayAOV(B,C)1w1b | | 2wayAOV(A,C)1w1b | | 2wayAOV(A,B)2b | |
| A1 固定 ($y1$) | B : 0.01134 | B1 固定 ($z1$) | A : 0.0001257 | C1 固定 ($w1$) | A : 0.5767 |
| | C : 0.2438 | | C : 0.9763469 | | B : 0.001733 |
| | B×C : 0.10692 | | A×C : 0.0050464 | | A×B : 0.029236 |
| A2 固定 ($y2$) | B : 0.0001546 | B2 固定 ($z2$) | A : 0.00048 | C2 固定 ($w2$) | A : 0.01569 |
| | C : 0.1778 | | C : 0.62830 | | B : 0.002624 |
| | B×C : 0.0125149 | | A×C : 0.01087 | | A×B : 0.007698 |

　この表で，2行目は適用する分散分析の種類を表しており，たとえば，"2wayAOV(B,C)1w1b"は要因Bと要因Cの間の1要因対応（1 within-subject and 1 between-subject）の二元配置分散分析（2 way AOV）のことである．また，固定する要因や水準にはスクリプトで使用する変数名が括弧内に示してある．

　表内の$p$値から，要因Aを水準A1に固定したときは要因Bに有意差があることがわかる（下線部）．水準A2のときは要因Bと交互作用B×Cに有意差がある（二重下線部，A2：B×Cと表記する）．それ以外の要因については，有意差があるものは表中のセルを塗りつぶして示した．特に，交互作用ではB1：A×C，B2：A×C，C1：A×B，C2：A×Bが有意となり，これらについては単純・単純主効果分析を行うことになる（A2：B×Cも含む）．

② 単純・単純主効果の検定

　表3・4・6は表3・4・5の塗りつぶした部分に対応する単純・単純主効果分析を行った結果の$p$値を示したものである．

　表の見方は，たとえば最左列では要因Aを水準A1と水準A2に固定した場合で，上段が前者，下段が後者である．表3・4・5の例ではA1のときの交互作用はないので，分析は行わない．下段の分析を行うA2を見ると，まず分析を行う交互作用B×Cと表示して，その後ろにスクリプトで用いる変数名$y2$を

## 3・4 多重比較

表3・4・6 1要因対応の場合の単純・単純主効果検定の結果

| A1:B×C(y1) | | B1:A×C(z1) | | C1:A×B(w1) | |
|---|---|---|---|---|---|
| 交互作用なし | | A1:C(z11) | 0.1011 | A1:B(p,w11) | 0.06448 |
| | | A2:C(z12) | 0.008163 | A2:B(p,w12) | 0.01591 |
| | | C1:A(z13) | 0.007816 | B1:A(w13) | 0.007816 |
| | | C2:A(z14) | 0.008063 | B2:A(w14) | 0.05915 |
| A2:B×C(y2) | | B2:A×C(z2) | | C2:A×B(w2) | |
| B1:C(y21) | 0.008163 | A1:C(z21) | 0.1204 | A1:B(p,w2) | 0.1514 |
| B2:C(y22) | 0.01958 | A2:C(z22) | 0.01958 | A2:B(p,w22) | 0.006379 |
| C1:B(p,y23) | 0.01591 | C1:A(z23) | 0.05915 | B1:A(w23) | 0.008063 |
| C2:B(p,y24) | 0.006379 | C2:A(z24) | 0.007679 | B2:A(w24) | 0.007679 |

付けている($y2$は$y$から要因 A の水準 A2 のデータを抽出したものである).このとき,さらに要因 B を水準 B1 と B2 に固定して要因 C の分析を行う.その際の変数は$y21$, $y22$である($y21$は$y2$から要因 B の水準 B1 のデータを抽出したものである).以下同様であるが,変数名の前に"p"とある場合は対応のある$t$検定を行うことを示している.

この結果から,塗りつぶしたセルの部分には有意差が認められる.例を挙げれば,要因 A の水準 A2 で,要因 B の水準が B1 のときには,要因 C には有意差がある(A2:B1:C と表す).この表を見ると気づくことがある.同じ$p$値がいくつか現れていることである.たとえば,A2:B1:C は 0.008163 であり,B1:A2:C と等しい.これは固定した順序が異なるだけで,同じデータの分析を行っているからである.これらの場合に対応する変数$y21$と$z12$の内容を,実際にこの分析のスクリプト(①の単純交互作用検定と②の単純・単純主効果検定のスクリプトを本文の最後に示した)を実行した結果から示すと,

&gt; y21

```
        F1      F2      F3      F4       X
3    oroshi   futsu   h27    H27-7    27.6
4    oroshi   futsu   h27    H27-10   28.4
7    oroshi   futsu   h26    H26-7    23.6
8    oroshi   futsu   h26    H26-10   23.6
> z12
        F1      F2      F3      F4       X
3    oroshi   futsu   h27    H27-7    27.6
4    oroshi   futsu   h27    H27-10   28.4
7    oroshi   futsu   h26    H26-7    23.6
8    oroshi   futsu   h26    H26-10   23.6
```

となって，同じデータになっていることが確認できる．したがって，単純・単純主効果検定は複雑であるが，同じ組み合わせについては省略可能である．

【問3・4・4】　（4）の繰り返しのある場合（2要因対応）の例では，B1：A×C，B2：A×C，C1：A×B，C2：A×B の単純交互作用に有意差が見られ，これらの場合について単純・単純主効果検定を行った．このとき得られた $p$ 値には同じ要因の組み合わせのものがあり，それらは等しい値になっている．このことを確かめよ．

[略解] B1：C1：A−C1：B1：A, B1：C2：A−C2：B1：A, B2：C1：A−C1：B2：A, B2：C2：A−C2：B2：A の組み合わせで同じ値が得られている．

図3・4・5に三元配置分散分析の場合の下位検定の大まかな流れを示した．三元配置の問題では2次の交互作用があり，その分析をするには1次の交互作用を考えないといけないので，二元配置分散分析の下位検定と同様の分析へとつながる．このように，多元配置分散分析の問題は要因数や水準数が増加するにしたがって，かなり複雑な分析となることがわかっていただけただろうか．しかし，複雑にはなるかもしれないが，本節で取り上げた例では詳しい分析結

果の解釈は行わなかったものの,多次元データの分析では要因の組み合わせにより興味深い分析ができる可能性があるので,ぜひ本書を参考にして,多元配置や多次元の問題に取り組んでいただきたい.

本章では群間の平均値の差を対象にした分散分析を扱ったが,次章では多次元の多変量解析を取り上げる.

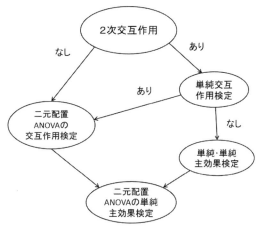

図3・4・5 三元配置分散分析の下位検定の流れ

[単純交互作用検定と単純・単純主効果検定のスクリプト]

```
#1-youin-taiouari simple interaction
#youinA
   y1← subset(y,F1=="seizo")
   attach(y1); summary(aov(X~F2*F3+Error(F4/F2))); detach(y1)
   y2← subset(y,F1=="oroshi")
   attach(y2); summary(aov(X~F2*F3+Error(F4/F2))); detach(y2)
#youinB
   z1← subset(y,F2=="futsu")
   attach(z1); summary(aov(X~F1*F3)); detach(z1)
   z2← subset(y,F2=="warui")
   attach(z2); summary(aov(X~F1*F3)); detach(z2)
#youinC
```

```
w1 <- subset(y,F3=="h27")
attach(w1); summary(aov(X~F1*F2+Error(F4/F2))); detach(w1)
w2 <- subset(y,F3=="h26")
attach(w2); summary(aov(X~F1*F2+Error(F4/F2))); detach(w2)
#simple simple main effect test(A2-kotei)
  y21 <- subset(y2,F2=="futsu"); t.test(y21$X~y21$F3,var.equal=T)
  y22 <- subset(y2,F2=="warui"); t.test(y22$X~y22$F3,var.equal=T)
  y23 <- subset(y2,F3=="h27"); t.test(y23$X~y23$F2,paired=T)
  y24 <- subset(y2,F3=="h26"); t.test(y24$X~y24$F2,paired=T)
#simple simple main effect test(B1-kotei)
  z11 <- subset(z1,F1=="seizo"); t.test(z11$X~z11$F3,var.equal=T)
  z12 <- subset(z1,F1=="oroshi"); t.test(z12$X~z12$F3,var.equal=T)
  z13 <- subset(z1,F3=="h27"); t.test(z13$X~z13$F1,var.equal=T)
  z14 <- subset(z1,F3=="h26"); t.test(z14$X~z14$F1,var.equal=T)
#simple simple main effect test(B2-kotei)
  z21 <- subset(z2,F1=="seizo"); t.test(z21$X~z21$F3,var.equal=T)
  z22 <- subset(z2,F1=="oroshi"); t.test(z22$X~z22$F3,var.equal=T)
  z23 <- subset(z2,F3=="h27"); t.test(z23$X~z23$F1,var.equal=T)
  z24 <- subset(z2,F3=="h26"); t.test(z24$X~z24$F1,var.equal=T)
#simple simple main effect test(C1-kotei)
  w11 <- subset(w1,F1=="seizo"); t.test(w11$X~w11$F2,paired=T)
  w12 <- subset(w1,F1=="oroshi"); t.test(w12$X~w12$F2,paired=T)
  w13 <- subset(w1,F2=="futsu"); t.test(w13$X~w13$F1,var.equal=T)
  w14 <- subset(w1,F2=="warui"); t.test(w14$X~w14$F1,var.equal=T)
#simple simple main effect test(C2-kotei)
  w21 <- subset(w2,F1=="seizo"); t.test(w21$X~w21$F2,paired=T)
```

## 3・4 多重比較

```
w22← subset(w2,F1=="oroshi"); t.test(w22$X~w22$F2,paired=T)
w23← subset(w2,F2=="futsu"); t.test(w23$X~w23$F1,var.equal=T)
w24← subset(w2,F2=="warui"); t.test(w24$X~w24$F1,var.equal=T)
```

# 第4章　主成分分析

　本章では，多変量解析のよく知られた分析手法である主成分分析を，多次元データ向けに拡張した多次元主成分分析について述べるが，通常の主成分分析の説明を行った後に，多次元の話に進む．その前に，これらの分析手法の基礎となる行列の固有値分解と特異値分解について簡単に説明する．これらの分解は主成分分析と密接に関係しており，重要な概念である．この関係と同様に，特異値分解を多次元に拡張した高次特異値分解の考え方は，多次元主成分分析と緊密に関係する．多次元データ処理を行う上で，高次特異値分解についての理解は必須といっても過言ではないと思われるので，少々難解と思われるかもしれないが，説明をよく読んで理解していただきたい．

## 4・1　固有値分解と特異値分解

### 4・1・1　固有値，固有ベクトルと固有値分解

　第1章で述べたように，本書では3次元以上の多次元配列，多次元データのことを高階テンソルと呼んでいる．また，0階テンソルはスカラー，1階テンソルはベクトル，2階テンソルは行列または2次元配列を意味する．この章では高階テンソルを低次元データに分解する手法を扱うが，まずはその手法の基礎となっている2階テンソル（行列）を1階テンソル（ベクトル）の積の和に分解する手法である固有値分解と特異値分解を紹介する．ただし，ここではテンソルの成分（要素）として実数を扱うものとする．

　線形代数の基礎としてよく取り上げられる内容に行列がある．行列は様々なところに応用されているが，その重要な概念の1つに固有値と固有ベクトルがある．

## 4・1　固有値分解と特異値分解

$n$次正方行列$A$に対してある定数$\lambda$と零ベクトルでない$n$次元の縦 (列) ベクトル$x$が

$$Ax = \lambda x$$

を満たすとき，$\lambda$を$A$の**固有値** (eigenvalue)，$x$を固有値$\lambda$に対する$A$の**固有ベクトル** (eigenvector) という．定義だけではわかりづらいので，以下に具体的な例を示す．

【例4・1・1】　2次正方行列$A = \begin{bmatrix} -1 & -3 \\ 4 & 6 \end{bmatrix}$の固有値の1つは2であり，それに対する固有ベクトルの1つは$x = \begin{bmatrix} 1 \\ -1 \end{bmatrix}$であることを確認せよ．

［解］$Ax$を計算すると，

$$\begin{bmatrix} -1 & -3 \\ 4 & 6 \end{bmatrix} \begin{bmatrix} 1 \\ -1 \end{bmatrix} = \begin{bmatrix} (-1) \times 1 + (-3) \times (-1) \\ 4 \times 1 + 6 \times (-1) \end{bmatrix} = \begin{bmatrix} 2 \\ -2 \end{bmatrix} = 2 \begin{bmatrix} 1 \\ -1 \end{bmatrix}$$

であるので，$Ax = \lambda x$より2は$A$の固有値の1つであり，それに対する固有ベクトルの1つは$x$であることがわかる．

【注意】例4・1・1で「固有ベクトルの1つ」と表現しているのは，固有ベクトルが1つ見つかるとその定数倍も固有ベクトルになっているからである．つまり，$c \begin{bmatrix} 1 \\ -1 \end{bmatrix}$ ($c$は0でない定数) と表されるベクトルはすべて固有値2に対する固有ベクトルである．

正方行列$A$と列ベクトル$x$の積は，$x$に対して，$A$によって定まる列ベクトル$x'$を対応させる演算と考えることができる (図4・1・1)．先の例からもわかるとおり，固有ベクトルと固有値は，正方行列と列ベク

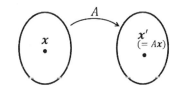

図4・1・1　正方行列と列ベクトル

トルの積において,固有ベクトル方向のベクトルであれば積の計算を定数倍に置き換えることができる便利な方向とその倍率のことである(図4・1・2). つまり,正方行列によって,固有ベクトルに固有値倍の固有ベクトルを対応させているのである.

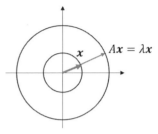

図4・1・2 固有ベクトルと行列の積

固有値,固有ベクトルの具体的な計算方法は,固有方程式と呼ばれる方程式を解いて固有値を求め,各固有値に対する連立方程式を解くことにより固有ベクトルを求めるものであるが,詳細については参考文献に譲る[1].

実際に固有値,固有ベクトルが利用される例として,行列の**対角化**(diagonalization)がある.行列の対角化とは,行列$A$と,固有ベクトルを並べてできる行列$P$(**対角化行列** diagonalization matrix という),および$P$の逆行列$P^{-1}$の3つの行列の積を取ることにより,固有値を対角成分に持つ**対角行列**(diagonal matrix)を構成することである.その具体例を次に示す.

【例4・1・2】 3次(3×3のこと,以下同様)正方行列$A = \begin{bmatrix} 2 & -3 & 4 \\ 0 & 5 & -4 \\ 1 & 3 & -1 \end{bmatrix}$の固有値は 1, 2, 3 であり,それぞれの固有値に対する固有ベクトルの1つはそれぞれ$\begin{bmatrix} -1 \\ 1 \\ 1 \end{bmatrix}$, $\begin{bmatrix} -3 \\ 4 \\ 3 \end{bmatrix}$, $\begin{bmatrix} -2 \\ 2 \\ 1 \end{bmatrix}$である.これらを用いて行列$A$を対角化したときの対角行列を求めよ.

[解]固有ベクトルを並べて$P = \begin{bmatrix} -1 & -3 & -2 \\ 1 & 4 & 2 \\ 1 & 3 & 1 \end{bmatrix}$とすると,$P$は対角化行列であり,$P$とその逆行列$P^{-1}$を用いて,

$$P^{-1}AP = \begin{bmatrix} 1 & 0 & 0 \\ 0 & 2 & 0 \\ 0 & 0 & 3 \end{bmatrix}$$

## 4・1 固有値分解と特異値分解

と対角化できる．

**【補足】**対角化行列とその逆行列をそれぞれ$A$の後ろからと前から掛けると，固有値を対角成分として持つ対角行列が得られることはわかっているので，実際に$P^{-1}$を求める必要はない．例4・1・2で固有値1，2，3に対する固有ベクトルを左から順に並べて対角化行列$P$を作ったため，$P^{-1}AP$を計算して求められた対角行列の対角成分は左上から1，2，3になっている．対角化行列を作る際の固有ベクトルを並べる順番を変えれば，対角行列の固有値の並びも変わり，対角行列が変わることになる．なお，実際にRにより$P^{-1}$を求めて，$P^{-1}AP$を計算してみると，スクリプトは次のようになる．

```
x←c(2,0,1,-3,5,3,4,-4,-1)
y←c(-1,1,1,-3,4,3,-2,2,1)
A←matrix(x,3,3)      #3×3 行列へ代入（matrix については後述）
P←matrix(y,3,3)
Q←solve(P)           #逆行列の計算
D←Q%*%A%*%P          #対角化の計算（%*%は行列積）
```

実行結果は次のとおりである．

```
> print(Q)
     [,1] [,2] [,3]
[1,]  -2   -3    2
[2,]   1    1    0
[3,]  -1    0   -1
> print(D)
     [,1] [,2] [,3]
[1,]   1    0    0
[2,]   0    2    0
[3,]   0    0    3
```

例4・1・2のように正方行列であればすべての行列で対角化ができるかというとそうではない．さらに付け加えるならば，固有値を求める際に行列の成分がすべて実数でも，固有値として実数が求まるとは限らず，虚数が求まることも考えられる．しかし，以下のような事実が知られている．

・実対称行列の固有値はすべて実数である．
・実対称行列は**直交行列**（orthogonal matrix，下に述べる）により対角化ができる．

上の2つの事実から$n$次実対称行列$A$は，

$$T^T A T = \Sigma$$

のように対角化できる．ここで，$\Sigma$は$A$の固有値$\lambda_i$（各$\lambda_i$は実数）を対角成分に持つ対角行列，$T$は$A$の固有値$\lambda_i$に対する固有ベクトルで，互いに直交するノルムが1のベクトル$x_i$を並べて作った直交行列である．行列の右肩の添え字$T$は転置行列を表す．行列$T$は直交行列であるから，その逆行列は$T^T$であり$T^{-1} = T^T$となる．

上記の対角化の式の両辺に左から$T$，右から$T^T$を掛けて変形すると，

$$A = T \Sigma T^T = \sum_{i=1}^{n} \lambda_i x_i x_i^T$$

と表すことができる．このように対角化を応用して，対称行列を固有値と固有ベクトルで分解することを対称行列の**固有値分解**（eigenvalue decomposition）という．固有値分解のメリットは，行列を，列ベクトルとそれを転置した行ベクトルとの積の和の形式により表現できることである．実際に対称行列を固有値分解する例を以下に示す．

【例4・1・3】 3次対称行列$A = \begin{bmatrix} 1 & 0 & 0 \\ 0 & 3 & -1 \\ 0 & -1 & 3 \end{bmatrix}$の固有値は1，2，4であり，各固有値に対する固有ベクトルはそれぞれ$x_1 = c_1 \begin{bmatrix} 1 \\ 0 \\ 0 \end{bmatrix}$, $x_2 = c_2 \begin{bmatrix} 0 \\ 1 \\ 1 \end{bmatrix}$, $x_3 = $

## 4・1 固有値分解と特異値分解

$c_3 \begin{bmatrix} 0 \\ -1 \\ 1 \end{bmatrix}$ （$c_1$, $c_2$, $c_3$は0でない定数）である．$\boldsymbol{A}$を固有値分解せよ．

[解] 各固有値に対する固有ベクトルでノルムが1の$\boldsymbol{u}_i$, $(i=1,2,3)$ を求める（**正規化** normalization という）と，

$$\boldsymbol{u}_1 = \frac{1}{\|\boldsymbol{x}_1\|}\boldsymbol{x}_1 = \frac{1}{1}\begin{bmatrix}1\\0\\0\end{bmatrix} = \begin{bmatrix}1\\0\\0\end{bmatrix}$$

$$\boldsymbol{u}_2 = \frac{1}{\|\boldsymbol{x}_2\|}\boldsymbol{x}_2 = \frac{1}{\sqrt{2}}\begin{bmatrix}0\\1\\1\end{bmatrix} = \begin{bmatrix}0\\\frac{1}{\sqrt{2}}\\\frac{1}{\sqrt{2}}\end{bmatrix}$$

$$\boldsymbol{u}_3 = \frac{1}{\|\boldsymbol{x}_3\|}\boldsymbol{x}_3 = \frac{1}{\sqrt{2}}\begin{bmatrix}0\\-1\\1\end{bmatrix} = \begin{bmatrix}0\\-\frac{1}{\sqrt{2}}\\\frac{1}{\sqrt{2}}\end{bmatrix}$$

であるので，$\boldsymbol{T} = [\boldsymbol{u}_1 \; \boldsymbol{u}_2 \; \boldsymbol{u}_3]$とすると，

$$\boldsymbol{A} = \boldsymbol{T}\boldsymbol{\Sigma}\boldsymbol{T}^T = \begin{bmatrix}1 & 0 & 0\\0 & \frac{1}{\sqrt{2}} & -\frac{1}{\sqrt{2}}\\0 & \frac{1}{\sqrt{2}} & \frac{1}{\sqrt{2}}\end{bmatrix}\begin{bmatrix}1 & 0 & 0\\0 & 2 & 0\\0 & 0 & 4\end{bmatrix}\begin{bmatrix}1 & 0 & 0\\0 & \frac{1}{\sqrt{2}} & \frac{1}{\sqrt{2}}\\0 & -\frac{1}{\sqrt{2}} & \frac{1}{\sqrt{2}}\end{bmatrix}$$

$$= 1\boldsymbol{u}_1\boldsymbol{u}_1^T + 2\boldsymbol{u}_2\boldsymbol{u}_2^T + 4\boldsymbol{u}_3\boldsymbol{u}_3^T$$

$$= \begin{bmatrix}1\\0\\0\end{bmatrix}[1 \; 0 \; 0] + 2\begin{bmatrix}0\\\frac{1}{\sqrt{2}}\\\frac{1}{\sqrt{2}}\end{bmatrix}\left[0 \; \frac{1}{\sqrt{2}} \; \frac{1}{\sqrt{2}}\right] + 4\begin{bmatrix}0\\-\frac{1}{\sqrt{2}}\\\frac{1}{\sqrt{2}}\end{bmatrix}\left[0 \; -\frac{1}{\sqrt{2}} \; \frac{1}{\sqrt{2}}\right]$$

と分解できる．

【注意】上の例は，$n$次対称行列の固有値として固有方程式が重解を持たずに異なる$n$個の固有値を持つ場合を扱っている．異なる固有値の固有ベクトルは互いに直交することが知られており，各固有ベクトルを正規化して列に並べることにより，直交行列が得られる．しかし，固有方程式が重解を持つ場合，重解

として得られる固有値に対する固有ベクトルで，線形独立なものは複数個得られるので，それらが直交するとは限らない．そこで，グラム・シュミットの直交化法（Gram-Schmidt diagonalization）などを利用して直交するベクトルを求める必要がある．これに関しても詳細は参考文献を参照していただきたい[1]．

例4・1・3をRで計算するには，関数 eigen を用いて以下のようにする．

```
>x←c(1,0,0,0,3,-1,0,-1,3)
>A←array(x,dim = c(3,3))    #行列Aの作成
    #A←matrix(x, nrow=3, ncol=3)でも可
>A    #行列Aの表示
     [,1]  [,2]  [,3]
[1,]   1    0    0
[2,]   0    3   -1
[3,]   0   -1    3
>z←eigen(A)    #Aの固有値と固有ベクトルの算出
>lambda←z$values    #Aの固有値の組
>T←z$vectors    #Aの固有ベクトルを並べてできる直交行列
>lambda    #Aの固有値の組の表示
[1] 4  2  1
>T    #Aの固有ベクトルからなる直交行列の表示
           [,1]        [,2]     [,3]
[1,]  0.0000000   0.0000000    1
[2,] -0.7071068   0.7071068    0
[3,]  0.7071068   0.7071068    0
```

ここで，行列 **A** の作成の部分の dim は行列の大きさ（行数と列数）を表す属性であり関数 dim を用いると，

## 4・1 固有値分解と特異値分解

&gt; dim(A)

[1] 3　3

となって行列**A**のサイズを調べることができる．ここでは，dim を c(3,3)と指定しているので，array により**A**は 2 次元配列となる．array の代わりに matrix を使ってもよく，この場合は R では行列と称される．すなわち，行列とは 2 次元配列のことである．配列 array は何次元になってもよいが，matrix は 2 次元のみである．

関数 eigen はオプションのパラメータ only.values = TRUE を付けて，固有値のみを計算することもできる．固有値は大きい順に求められる．したがって，直交行列を列ベクトルとして構成する固有ベクトルは，固有値の大きさに対応して大きい順に左から並んでいる．このようにして求めた固有値の組 *lambda* と固有ベクトルからなる直交行列**T**を用いて行列**A**を再構成すると以下のようになる．

&gt;S ← diag(lambda)　　#固有値を対角成分に持つ行列

&gt;B ← T %*% S %*% t(T)　　#行列 A を再構成

&gt;B　　#行列 B を表示

|      | [,1] | [,2] | [,3] |
|------|------|------|------|
| [1,] | 1    | 0    | 0    |
| [2,] | 0    | 3    | -1   |
| [3,] | 0    | -1   | 3    |

上の結果から行列**B**は**A**と等しくなり，正しく再構成できていることがわかる．さらに，固有値，固有ベクトルを用いて以下のように再構成することもできる．

&gt;lambda1 ← lambda[1]　　#A の固有値 4

&gt;lambda2 ← lambda[2]　　#A の固有値 2

&gt;lambda3 ← lambda[3]　　#A の固有値 1

&gt;x1 ← T[,1]　#固有値 4 に対する固有ベクトル

```
>x2 ← T[,2]   #固有値2に対する固有ベクトル
>x3 ← T[,3]   #固有値1に対する固有ベクトル
>C ← lambda1*x1 %*% t(x1) + lambda2* x2 %*% t(x2) + lambda3* x3 %*% t(x3)   #行列Aを再構成
>C   #行列Cを表示
     [,1]  [,2]  [,3]
[1,]   1     0     0
[2,]   0     3    -1
[3,]   0    -1     3
```

【問4・1・1】 3次対称行列 $A = \begin{bmatrix} 2 & -2 & 2 \\ -2 & -1 & -1 \\ 2 & -1 & -1 \end{bmatrix}$ の固有値と固有ベクトルを求め，$A$ を固有値分解せよ．

[解] Rの関数 eigen を用いて計算すると，固有値は，4, −2, −2 であり，各固有値の固有ベクトルはそれぞれ

$$u_1 = \begin{bmatrix} 0.8164966 \\ -0.4082483 \\ 0.4082483 \end{bmatrix}, \quad u_1 = \begin{bmatrix} -0.5773503 \\ -0.5773503 \\ 0.5773503 \end{bmatrix}, \quad u_1 = \begin{bmatrix} 0.0000000 \\ 0.7071068 \\ 0.7071068 \end{bmatrix}$$

であるから，$T = [u_1 \ u_2 \ u_3]$ とすると，

$$A = T \begin{bmatrix} 4 & 0 & 0 \\ 0 & -2 & 0 \\ 0 & 0 & -2 \end{bmatrix} T^T$$

と分解できる．

### 4・1・2 特異値，特異ベクトルと特異値分解

前項で述べた固有値は正方行列について求めることができるものであり，さらに固有値分解は対称行列に対して可能な分解であった．これらを正方以外の行列に対して拡張したものが特異値と特異値分解である．以下，これらについて述べる．

## 4・1　固有値分解と特異値分解

$m \times n$ 行列 $A$ に対してある定数 $\sigma$ と零ベクトルでない $m$ 次元ベクトル $u$ および $n$ 次元ベクトル $v$ が

$$Av = \sigma u$$

$$A^T u = \sigma v$$

を満たすとき，$\sigma$ を $A$ の**特異値**（singular value），$u$ を特異値 $\sigma$ に対する $A$ の**左特異ベクトル**（left-singular vector），$v$ を特異値 $\sigma$ に対する $A$ の**右特異ベクトル**（right-singular vector）という．左右の特異ベクトルはそれぞれ数個ずつの組として得られ，各組内のベクトルは互いに直交し，ノルムは1である．また，$A$ の特異値（0は含まない）$\sigma_i$, $(i = 1,2,\cdots,r)$ は，$\sigma_1 \geq \sigma_2 \geq \cdots \geq \sigma_r$ の順序関係にあり，その個数 $r$ は $A$ の**階数**（ランク，rank）と等しい．

任意の行列 $A$ の特異値と特異ベクトルは，その転置行列 $A^T$ を用いて行列 $AA^T$ および $A^T A$ を構成すると，これらは対称行列となることから

$$(AA^T)u = A(A^T u) = A\sigma v = \sigma Av = \sigma^2 u$$

$$(A^T A)v = A^T(Av) = A^T \sigma u = \sigma A^T u = \sigma^2 v$$

と変形できるので，それぞれの行列の固有値と固有ベクトルの計算により求めることができる[2]．

特異値と特異ベクトルの数値計算法として広く用いられているアルゴリズムは，Golub-Reinsch アルゴリズム（Golub-Reinsch algorithm，G-R アルゴリズムともいう）として知られているもので，行列 $A$ を2重対角行列に変形した後に，QR アルゴリズム（QR algorithm）※を適用する手法である[4]．

この特異値と特異ベクトルを用いると，行列 $A$ は次のように分解することができる．

$$A = U \Sigma V^T = \sum_{i=1}^{r} \sigma_i u_i v_i^T$$

---

※　QR 法は固有値の数値計算法としてよく知られている手法である[3]．

ここで,$\Sigma$は$A$の特異値$\sigma_i$,$(i=1,2,\cdots,r)$を対角成分に持つ$r$次正方行列$S$と零行列$O$を用いて,$\begin{bmatrix} S & O \\ O & O \end{bmatrix}$と表すことができる$m \times n$行列,$U$は$A$の特異値$\sigma_i$に対する左特異ベクトル$u_i$を列に並べて作った$m$次の直交行列,$V$は$A$の特異値$\sigma_i$に対する右特異ベクトル$v_i$を同様に並べた$n$次の直交行列である.この$U$,$V$をそれぞれ**左特異行列**(left-singular matrix),**右特異行列**(right-singular matrix)と呼ぶ.このように,任意の行列を,左右の特異行列と特異値を対角成分に持つ行列の積の形に表すことを行列の**特異値分解**(SVD; singular value decomposition)といい,線形代数の基礎的な理論であるとともに,信号処理や画像処理,情報検索などの分野でもよく用いられている.本章の冒頭で述べたように,特異値分解は,多次元データ処理のために本書で取り上げる手法の基礎となるものである.

特異値分解の計算をRで行うために,関数svdが用意されている.その使い方を,以下に例を用いて示す.

**【例4・1・4】** サイズが$4 \times 2$の行列$A = \begin{bmatrix} 1 & 2 \\ 1 & -1 \\ 2 & 0 \\ 2 & -1 \end{bmatrix}$の特異値分解を求めよ.

[解]次のようにRの関数svdを用いて特異値,左特異行列,右特異行列を求める.

```
>x←c(1,1,2,2,2,-1,0,-1)
>A←array(x,dim=c(4,2))   #行列Aの作成
>A       #行列Aの表示
       [,1]   [,2]
[1,]    1     2
[2,]    1    -1
[3,]    2     0
[4,]    2    -1
>z←svd(A)   #Aの特異値と特異ベクトルの算出
```

## 4・1 固有値分解と特異値分解

```
>sigma←z$d      #A の特異値の組
>S←diag(sigma)  #特異値を対角成分に持つ対角行列
>S              #行列 S の表示
            [,1]         [,2]
[1,]    3.199386     0.000000
[2,]    0.000000     2.400819
>U←z$u          #A の左特異行列
>U              #行列 U の表示
            [,1]         [,2]
[1,]   -0.1605756    0.9064619
[2,]   -0.3760103   -0.3096843
[3,]   -0.6083974    0.1913955
[4,]   -0.6802090   -0.2139866
>V←z$v          #A の右特異行列
>V              #行列 V の表示
            [,1]         [,2]
[1,]   -0.9732490    0.2297529
[2,]    0.2297529    0.9732490
>B←U %*% S %*% t(V)   #行列 A を再構成
>B              #行列 B の表示
          [,1]         [,2]
[1,]     1      2.000000e+00
[2,]     1     -1.000000e+00
[3,]     2      2.220446e-16
[4,]     2     -1.000000e+00
```

以上のように，$\boldsymbol{A} = \boldsymbol{USV}^T$ と分解できることが確かめられる．

【注意】$B$の$(3, 2)$成分は0ではないが極めて小さい値であり，計算機では浮動小数点演算（floating-point arithmetic）が用いられているための誤差と考えられる．この誤差をまるめ誤差（round-off error または rounding error）という．また，上の例で求めた左特異行列$U$は，4次の直交行列として求められるはずであるが，関数 svd を用いて求めると$4 \times 2$行列として得られている．これは，$A$が縦長の行列であり階数が 2 であるため，特異値分解によって$A$を再構成する際，

$\Sigma = \begin{bmatrix} S & O \\ O & O \end{bmatrix}$と行列の積を計算すると 3 列目と 4 列目は計算に関係せず，

$$A = U\Sigma V^T = [u_1 \quad u_2][S \quad O]\begin{bmatrix} v_1^T \\ v_2^T \end{bmatrix}$$

となるためである．左特異行列$U$を$m \times m$直交行列として求めたい場合は，関数 svd のオプションのパラメータで nu=nrow(A)と指定すればよい[5]．同様のケースで，$A$が横長の行列であり右特異行列$V$を$n \times n$直交行列として求めたい場合は，nv = ncol(A)と指定すればよい．具体的には以下のようになる．

```
>z ←svd(A, nu = nrow(A), nv = ncol (A))
>z
$d
[1]     3.199386    2.400819
$u
              [,1]         [,2]         [,3]         [,4]
[1,]    -0.1605756    0.9064619   -0.3832517   -0.07523632
[2,]    -0.3760103   -0.3096843   -0.4251633   -0.76285517
[3,]    -0.6083974    0.1913955    0.7455476   -0.19333679
[4,]    -0.6802090   -0.2139866   -0.3413401    0.61238254
$v
```

## 4・1 固有値分解と特異値分解

|     | [,1]       | [,2]      |
|-----|------------|-----------|
| [1,]| -0.9732490 | 0.2297529 |
| [2,]|  0.2297529 | 0.9732490 |

このようにして求めた $U, V$ と特異値を用いて構成される $\Sigma$ を用いて, $A = U\Sigma V^T$ としても $A$ の再構成ができることはもちろんである.

【問4・1・2】 サイズが $2 \times 3$ の行列 $A = \begin{bmatrix} 2 & 1 & 3 \\ -1 & 0 & -2 \end{bmatrix}$ の特異値分解を求め, 得られた左右特異行列と対角行列を用いて $A$ を再構成せよ.

[解] 次のように R の関数 svd を用いて特異値, 左特異行列, 右特異行列を求める.

```
>x ← c(2,1,3,-1,0,-2)
>A ← array(x, dim = c(2,3))    #行列 A の作成
>A    #行列 A の表示
```

|     | [,1] | [,2] | [,3] |
|-----|------|------|------|
| [1,]|  2   |  1   |  3   |
| [2,]| -1   |  0   | -2   |

```
>z ← svd(A)     #A の特異値と特異ベクトルの計算
>sigma ← z$d    #A の特異値の組
>S ← diag(sigma)  #特異値を対角成分に持つ対角行列
>S    #行列 S の表示
```

|     | [,1]     | [,2]      |
|-----|----------|-----------|
| [1,]| 4.321895 | 0.0000000 |
| [2,]| 0.000000 | 0.5667628 |

```
>U ← z$u    #A の左特異行列
>U    #行列 U の表示
```

|     | [,1]       | [,2]      |
|-----|------------|-----------|
| [1,]| -0.8632095 | 0.5048459 |
| [2,]|  0.5048459 | 0.8632095 |

```
>V←z$v    #A の右特異行列
>V    #行列 V の表示
            [,1]          [,2]
[1,]    -0.5162700    0.2584543
[2,]    -0.1997294    0.8907533
[3,]    -0.8328106    -0.3738447
>B←U%*%S%*%t(V)    #行列 A を再構成
>B    #行列 B の表示
         [,1]           [,2]        [,3]
[1,]     2       1.000000e+00       3
[2,]    -1       2.775558e-16      -2
```

以上のように，$A = USV^T$ と分解できることが確かめられる．

## 4・2　主成分分析

**主成分分析**（principal component analysis; PCA）は，第 1 章の表 1・1・3 や図 1・1・2 に示すような行列データに対して適用される分析法である．

表 1・1・3 のデータは，各生徒における 5 教科の点数のベクトルデータが行方向に積み重ねられているとも考えられ，各生徒のデータは各教科点数を座標軸に持つような 5 次元空間内にプロットできることになる．PCA では，このような多次元空間内にプロットされた複数のデータ点のばらつきの大きさに基づいて，新たな座標軸が決定される．上述の例は，5 教科の変量を持つデータであるが，この場合，データのばらつきの大きさに基づいて，最大から 5 番目までの方向を示す 5 本の新たな座標軸が PCA により決定される．

PCA から得られる座標軸は，元データ（本書ではこの場合を除いて"もと"はひらがな書きとしている）の変量を合成した式で表現される．たとえば，表 1・

1・3のデータから得られる任意の座標軸$z$は，科目$k$の変量を$y_k$，その変量に掛かる係数を$t_k$とすると，$z = t_1 y_1 + t_2 y_2 + \cdots + t_5 y_5$のように複数の科目の変量を合成した式で表される．PCAは，このような複数の変量を合成して，それらを代表するような総合的な指標を求めたいといった場合に適用される．

### 4・2・1 主成分と寄与率の計算

ここでは，図4・2・1に示す2つの項目X, Yを持つサイズ$I_1 \times I_2$の行列データ$\boldsymbol{A}$を考え，項目Yの変量に対してPCAを適用する場合について説明する．

PCAでは，行列$\boldsymbol{A}$の**分散共分散行列**（variance-covariance matrix）に対して固有値分解の計算が行われる．項目Yの変量に対するPCAでは，行列$\boldsymbol{A}$の各列

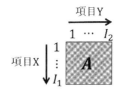

図4・2・1 2項目を持つ行列データ

について，$\boldsymbol{A}$の$(i,j)$要素$a_{ij}$，($i = 1, \cdots, I_1; j = 1, \cdots, I_2$)から各列の要素の平均値$\bar{a}_j = \sum_i a_{ij}/I_1$を引いた$a_{ij} - \bar{a}_j$により**中心化**（centering）された行列$\boldsymbol{C}$を用いて，式(4・2・1)の左辺に示す分散共分散行列$\boldsymbol{C}^T \boldsymbol{C}/I_1$を作成し，この式の右辺に示す固有値分解を行い，**固有行列**（eigenmatrix）$\boldsymbol{T}^{(項目Y)}$と固有値の行列$\boldsymbol{\Lambda}$（対角行列）を求める．

$$\frac{1}{I_1} \boldsymbol{C}^T \boldsymbol{C} = \boldsymbol{T}^{(項目Y)} \boldsymbol{\Lambda} \boldsymbol{T}^{(項目Y)T} \qquad (4・2・1)$$

**【例4・2・1】** 表4・2・1に示す科目Aと科目Bの2つの変量からなる学業成績の行列データ$\boldsymbol{A}$の分散共分散行列から固有行列と固有値を計算せよ．

［解］ここでは，表4・2・1の科目の変量に対する分散共分散行列について，次のようにして固有値分解を行う．なお，行列$\boldsymbol{A}$の中心化には関数scaleを利用し，式(4・2・1)の固有値分解には関数eigenを利用する．

表4・2・1 成績データ

| 学生 | 科目A $y_1$[点] | 科目B $y_2$[点] |
|---|---|---|
| A | 80 | 75 |
| B | 70 | 90 |
| C | 90 | 95 |
| D | 75 | 60 |
| E | 40 | 55 |
| F | 30 | 35 |

```
>y1 ← c( 80, 70, 90, 75, 40, 30 )
>y2 ← c( 75, 90, 95, 60, 55, 35 )
>A ← cbind( y1, y2 )
>rownames( A ) ← c( "A", "B", "C", "D", "E", "F" )
>C ← scale( A, center=TRUE, scale=FALSE )    #各列データの中心化
>V ← t(C) %*% C / nrow(C)    # 分散共分散行列の計算
>result ← eigen( V )    # 分散共分散行列の固有値分解
>TY ← result$vectors    # 固有行列の取得
>LY ← result$values    # 固有値の取得
```

分散共分散行列$V$, 固有行列$TY$, 固有値$LY$の計算結果を表示させると, 次のようになる.

```
>V
```

|     | y1       | y2       |
|-----|----------|----------|
| y1  | 470.1389 | 381.9444 |
| y2  | 381.9444 | 430.5556 |

```
>TY
```

|      | [,1]       | [,2]       |
|------|------------|------------|
| [1,] | -0.7251720 | 0.6885678  |
| [2,] | -0.6885678 | -0.7251720 |

```
>LY
[1] 832.80411   67.89034
```

ここで, 式(4・2・1)から得られる固有行列$T^{(項目\ Y)}$が表す意味について説明する. これらは各項目を構成する変量を合成して, 新たな合成変量を作る重みを各列ベクトルに持っており, これらにより合成された変量は**主成分**（principal component）と呼ばれる.

この主成分について, 前述の例4・2・1の場合で具体的に見てみる. 計算に

## 4・2 主成分分析

より得られた固有行列$TY$の第1列ベクトルを$t_1^{(科目)}$とすると，その1番目の要素が科目Aの変量$y_1$に掛かる**主成分係数**（principal component coefficient），2番目の要素が科目Bの変量$y_2$に掛かる主成分係数となり，2つの変量を合成した次の主成分$z_1^{(科目)}$が得られる．

$$z_1^{(科目)} = [y_1 \quad y_2] t_1^{(科目)} = [y_1 \quad y_2] \begin{bmatrix} -0.725 \\ -0.689 \end{bmatrix}$$

$$= -0.725 y_1 - 0.689 y_2 \quad (4・2・2)$$

同様に，行列$TY$の第2列ベクトルを$t_2^{(科目)}$とすると，次の2つ目の主成分$z_2^{(科目)}$が得られる．

$$z_2^{(科目)} = [y_1 \quad y_2] t_2^{(科目)} = [y_1 \quad y_2] \begin{bmatrix} 0.689 \\ -0.725 \end{bmatrix}$$

$$= 0.689 y_1 - 0.725 y_2 \quad (4・2・3)$$

図4・2・2は，表4・2・1のデータの散布図であるが，式(4・2・2)および式(4・2・3)の主成分$z_1^{(科目)}$および$z_2^{(科目)}$の軸を，科目AとBの平均値の点が原点$O'$となるように図中に重ねて引いたものである．実は，この$z_1^{(科目)}$はグラフ上のデータのばらつきが最大となる方向を示す**第1主成分**（first principal component）と呼ばれる軸，$z_2^{(科目)}$は$z_1^{(科目)}$の軸に直交してグラフ上のデータのばらつきが2番目に大きい方向を示す**第2主成分**（second principal component）と呼ばれる軸となっており，これらが，例4・2・1に示したように，科目の変量についての分散共分散行列を固有値分解することにより得られるのである．

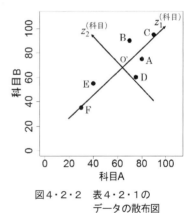

図4・2・2　表4・2・1のデータの散布図

上述のように，第1主成分はデータのばらつきが最大となり，第2主成分は，

ばらつきが2番目に大きいなどと述べたが,次に,このような主成分に対するデータのばらつきの調べ方について説明する.

このばらつきは,式(4・2・1)の計算から得られる固有値の行列$\Lambda$からわかり,この行列の対角成分に,項目Yの各主成分に対応したデータのばらつきの度合いを与える値が固有値として求められている.

PCAでは,データのばらつきの大きい主成分ほど,対応する固有値が大きくなり,もとのデータの情報をより多く表していると考える.この例として,複数の変量を合成した第1主成分があり,この軸上にもとのデータ点がすべて乗っているような場合は,このばらつき最大の主成分のみでもとのデータを完全に表すことができる.これは極端な場合であるが,一般的に各主成分がどの程度もとのデータの情報を表しているかは,次に示す**寄与率**(contribution ratio)と呼ばれる割合から判断できる.項目Yの第$k$主成分の寄与率$c_k^{(項目Y)}$は,次式により計算することができる.

$$c_k^{(項目Y)} = \frac{\lambda_k}{\sum_{j=1}^{I_2} \lambda_j} \qquad (4\cdot2\cdot4)$$

ただし,$\lambda_j$は,式(4・2・1)の固有値分解から得られる行列$\Lambda$の第$j$番目の対角成分の固有値を表す.なお,固有値の大小関係については次式が成り立つものとする.

$$\lambda_1 \geq \lambda_2 \geq \cdots \geq \lambda_{I_2} \qquad (4\cdot2\cdot5)$$

また,式(4・2・4)において,第1主成分から第$k$主成分までの寄与率を積算した値は**累積寄与率**(cumulative contribution ratio)と呼ばれ,次式で求められる.

$$\sum_{j=1}^{k} c_j^{(項目Y)} \qquad (4\cdot2\cdot6)$$

上式により,第$k$主成分までででもとのデータの情報がどの程度表されているかの割合を求めることができる.

## 4・2 主成分分析

**【例4・2・2】** 例4・2・1で求めた主成分係数を表す固有行列から各主成分の寄与率，累積寄与率を計算せよ．

［解］例4・2・1で求めた固有値$LY$を利用して，科目についての主成分の寄与率，累積寄与率を次のようにして求める．なお，累積和の計算には関数 cumsum を利用する．

>kiyo ← LY/sum(LY)　　# 寄与率の計算

>ruiseki ← cumsum(LY )　# 累積寄与率の計算

これらのスクリプトを実行すると，寄与率$kiyo$および累積寄与率$ruiseki$の計算結果は，次のようになる．

>kiyo

[1] 0.92462445　　0.07537555

>ruiseki

[1] 0.92462445　　1.00000000

上記の結果より，科目の第1主成分$z_1^{(科目)}$の寄与率$c_1^{(科目)}$は約 0.925，第2主成分$z_2^{(科目)}$の寄与率$c_2^{(科目)}$は約 0.075 となり，第1主成分でデータ全体の約93%を要約していることがわかる．また，累積寄与率の結果から，第2主成分までで100%となりデータのすべてを表していることがわかる．

### 4・2・2　主成分得点の計算

前項の例4・2・1において，式(4・2・2)および式(4・2・3)で表される2つの主成分が得られたが，この主成分の科目Aと科目Bの変量$y_1$と$y_2$に，表4・2・1の各生徒の実際の点数を代入すると，各生徒についての各主成分の値が求まる．この値は**主成分得点**（principal component score）と呼ばれ，科目Aと科目Bの2つの軸上の値を，主成分軸の値として表すものである（図4・2・2参照）

一般的には，図4・2・1のデータにおける項目Y（たとえば科目）の主成分を利用した項目X（たとえば学生）についての主成分得点は，もとのデータ行

列 $A$ と式（4・2・1）の固有値分解から得られる主成分係数の行列 $T^{(項目Y)}$ により，次式で計算できる．

$$Z^{(項目Y)} = A\,T^{(項目Y)} \qquad (4・2・7)$$

図4・2・3に，式（4・2・7）の計算から得られる主成分得点の行列 $Z^{(項目Y)}$ のイメージを示した．この図から，$Z^{(項目Y)}$ は各列ベクトル

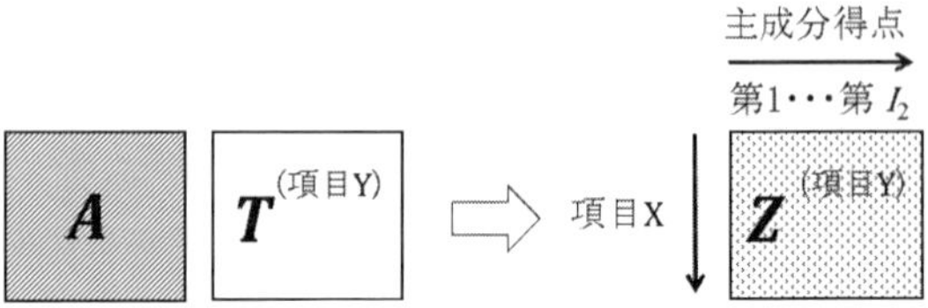

**図4・2・3　主成分得点計算のイメージ**

に項目 X の各個体に対する主成分得点を持っていることがわかり，第 $k$ 列ベクトルの成分は第 $k$ 主成分を表す．

**【例4・2・3】** 例4・2・1で求めた科目についての主成分係数の固有行列から各生徒の主成分得点を計算せよ．

[解] 例4・2・1のもとの行列データ $A$ と固有行列 $TY$ から，次のようにして式（4・2・7）により主成分得点の行列 $ZY$ を求める．

```
>ZY ← A%*%TY    # 主成分得点の計算
>colnames(ZY) ← c("PC1","PC2")
```

主成分得点行列 $ZY$ の計算結果は次のようになる．

```
> ZY
```

|   | PC1 | PC2 |
|---|---|---|
| A | -109.65634 | 0.6975273 |
| B | -112.73314 | -17.0657303 |
| C | -130.67942 | -6.9202339 |
| D | -95.70197 | 8.1322677 |
| E | -66.87811 | -12.3417457 |
| F | -45.85503 | -4.7239845 |

## 4・2 主成分分析

上記の結果は，PC1 および PC2 が，それぞれ，各生徒に対する第 1 主成分得点および第 2 主成分得点を示しており，図4・2・3の右図に示すような各列に生徒の主成分得点を持つ行列となっていることがわかる．

次に，例4・2・3で得られた主成分得点を用いたデータ分析例として相関図を活用した分析について説明する．図4・2・4は，横軸に PC1，縦軸に PC2 の主成分得点をそれぞれ取った相関図であり，この図内の破線は，PC1 と PC2 の平均値の座標 (-93.6, -5.4) を原点O'とする軸を表す．

ここで，この図における PC1 および PC2 がどのような指標を表しているかは，例4・2・1および例4・2・2で計算された主成分係数の符号や大きさなどから解釈する必要がある．そこで，表4・2・2に各主成分の計算結果を寄与率と共にまとめて示している．

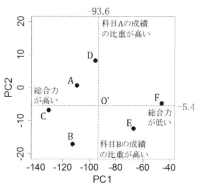

図4・2・4　PC1 と PC2 の相関図

表4・2・2　主成分の計算結果

| 科目の変量 | 主成分係数 | |
|---|---|---|
| | 第1主成分 | 第2主成分 |
| 科目A | -0.725 | 0.689 |
| 科目B | -0.689 | -0.725 |
| 寄与率(%) | 92.5 | 7.5 |

PC1 は，表4・2・2の第 1 主成分の係数から得点が計算されており，科目 A と科目 B の係数は同程度で大きく，符号も同じであることから，2 科目の総合力を表すものと考えられる．また，各変量の主成分係数の符号はともに負であるから，PC1 の値が小さい（負の大きい値になる）生徒ほど総合力が高いことを示していると考えられる．このことから，図4・2・4の PC1 の軸上で比較してみると，生徒 C の総合力がもっとも高く，生徒 F の総合力が一番低いことがわかる．

PC2 は，表4・2・2の第 2 主成分の係数から得点が計算されており，科目 A

と科目Bの係数の絶対値は同程度で，符号が反対であることから，科目の成績に占める科目Aと科目Bの成績の比重を表すものと考えられる．PC2の値が大きな生徒は科目Aの成績が高く，逆にPC2の値が小さな生徒は科目Bの成績が高いことを表す．図4・2・4のPC2の軸上で各生徒を比較してみると，生徒DはPC2の値が一番高く，科目Aの成績が一番高い生徒，また，生徒BはPC2の値が一番低く，科目Bの成績が一番高い生徒であることがわかる．

また，図4・2・4のような主成分得点の相関図を作成することで，各生徒を科目から作った新しい指標によりグループ化することができる．たとえば，総合力が高く，科目Bの成績の比重が高い傾向にある生徒はBとCであることがわかる．

ところで，図4・2・4のグラフと，図4・2・2内の主成分$z_1$(科目)と$z_2$(科目)を軸に持つグラフを横軸が$z_1$(科目)，縦軸が$z_2$(科目)となるように回転させたものとを比較すると，生徒データの散布の状態が違って見える．たとえば，生徒Eは，図4・2・4では第4象限にあるが，図4・2・2では第2象限にあり，これら2つのグラフは異なるものと思われるかもしれない．しかし，これら2つのグラフは本質的には同じものである．なぜなら，式(4・2・2)および式(4・2・3)において両辺に(−1)を掛けて主成分係数の符号を反転させた第1主成分 $-z_1$(科目) $= 0.725y_1 + 0.689y_2$ および第2主成分 $-z_2$(科目) $= -0.689y_1 + 0.725y_2$ が成立し[10]，これより，これらの主成分を用いても主成分得点を計算できる．これらの得点を用いて図4・2・4と同様な散布図を作成してみると，図4・2・2内のグラフと同様なグラフを得ることができる．次の例によって，このことを確認してみる．

【例4・2・4】 表4・2・2の各主成分係数を反転した主成分係数を利用して，主成分得点を計算せよ．

[解] 例4・2・1のもとの行列データ$\boldsymbol{A}$と符号を反転させた固有行列$\boldsymbol{TY}$を利用して，次のようにして式(4・2・7)により主成分得点行列$\boldsymbol{ZY2}$を求める．

```
>ZY2 ← A %*% (-TY)    # 主成分得点の計算
>colnames( ZY2 ) ← c( "PC1","PC2" )
```

主成分得点行列**ZY2**の計算結果は，次のようになる．

```
>ZY2
          PC1         PC2
A    109.65634   -0.6975273
B    112.73314   17.0657303
C    130.67942    6.9202339
D     95.70197   -8.1322677
E     66.87811   12.3417457
F     45.85503    4.7239845
```

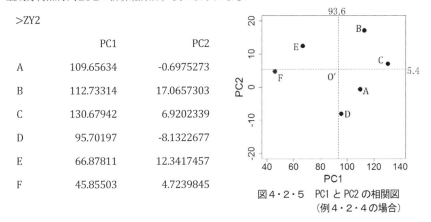

図4・2・5　PC1 と PC2 の相関図
（例4・2・4の場合）

この場合の PC1 と PC2 の平均値の座標（93.6, 5.4）を原点O'に持つ PC1 と PC2 の相関図を図4・2・5に示すが，図4・2・2内の主成分$z_1^{(科目)}$と$z_2^{(科目)}$をそれぞれ横軸，縦軸に持つグラフと同様になることがわかる．この相関図をデータ分析に活用する際は，主成分係数の符号を反転させているので，主成分の解釈もそれに合わせて行えば，本質的には前述のデータ分析例と同様な分析ができる．

### 4・2・3　標準化されたデータの PCA

ここでも，図4・2・1に示す行列データ**A**において，項目 Y の変量についての主成分を計算する場合を取り扱う．

ところで，単位が異なる変量が共存するようなデータで，ある変量のデータの値が他の変量の値に比べて全体的に程度が大きすぎる場合や，単位が同じでも，ある変量のデータのばらつきが大きくなりすぎるような場合には，それらの変量の主成分係数が大きくなり，その他の変量の影響が埋もれてしまうことが考えられる．そこで，与えられた各変量のデータを平均が 0，分散が 1 とな

るように**標準化**（standardization）してから，PCAを適用する場合が多い．

図4・2・1に示す行列$A$において，項目Yの各列の変量を標準化した行列$A^{(Y)}$の各要素$a_{ij}^{(Y)}$は次式により計算できる．

$$a_{ij}^{(Y)} = \frac{a_{ij} - \bar{a}_j}{\sqrt{s_j}}, \quad (i = 1,2,\cdots,I_1; \; j = 1,2,\cdots,I_2) \quad (4\cdot2\cdot8)$$

ただし，$a_{ij}$は行列$A$の$(i,j)$要素，$\bar{a}_j$および$s_j$は，行列$A$の第$j$列の平均および分散を表し，次式で表される．

$$\bar{a}_j = \frac{1}{I_1}\sum_{i=1}^{I_1} a_{ij}, \quad s_j = \frac{1}{I_1}\sum_{i=1}^{I_1}(a_{ij} - \bar{a}_j)^2, \quad (j = 1,2,\cdots,I_2) \quad (4\cdot2\cdot9)$$

標準化されたデータ行列$A^{(Y)}$の主成分と寄与率を求めるには，第4・2・1項と同様に，行列$A^{(Y)}$の分散共分散行列を求め，それを固有値分解すればよい．行列$A^{(Y)}$は既に式(4・2・8)で中心化されているからそのまま用いて，次式のように分解する．

$$\frac{1}{I_1}A^{(Y)T}A^{(Y)} = T^{(項目Y)}\Lambda T^{(項目Y)T} \quad (4\cdot2\cdot10)$$

上式の分解より，項目Yの主成分係数が行列$T^{(項目Y)}$に得られ，寄与率および累積寄与率は固有値の行列$\Lambda$の対角成分値から式(4・2・4)および式(4・2・6)と同様にして計算できる．

また，項目Yの主成分による項目Xの主成分得点は，標準化された行列$A^{(Y)}$と式(4・2・10)の計算から得られる行列$T^{(項目Y)}$を用いて，次式により求めることができる．

$$Z^{(項目Y)} = A^{(Y)} T^{(項目Y)} \quad (4\cdot2\cdot11)$$

**【例4・2・5】** 表4・2・1に示す科目Aと科目Bの2つの変量からなるデータを標準化し，そのデータの分散共分散行列の固有行列と固有値を計算し，主成分，寄与率および主成分得点を求めよ．

［解］次のスクリプトを用いて求めるとよい．ここでは，式(4・2・8)および式(4・2・

## 4・2 主成分分析

9)の標準化には関数 scale を用い，標準偏差（standard deviation）でスケーリングすることを scale オプションのパラメータで指定している．式（4・2・10）の固有値分解には関数 eigen を用いた．

```
# 元データ
y1 ← c( 80, 70, 90, 75, 40, 30 )
y2 ← c( 75, 90, 95, 60, 55, 35 )
# 標準偏差を計算する関数の定義
hensa ← function(x) sqrt( var(x)*(length(x)-1)/length(x) )
# 各列データの標準化
y1s ← scale( y1, center = TRUE, scale = hensa(y1) )
y2s ← scale( y2, center = TRUE, scale = hensa(y2) )
AY ← cbind( y1s, y2s )
rownames( AY ) ← c( "A", "B", "C", "D", "E", "F" )
V ← t(AY) %*% AY / nrow(AY)    # 分散共分散行列の計算
result ← eigen( V )    # 分散共分散行列の固有値分解
TY ← result$vectors    # 固有行列の取得
LY ← result$values    # 固有値の取得
kiyo ← LY/sum(LY)    # 寄与率の計算
ZY ← AY %*% TY    # 主成分得点の計算
colnames( ZY ) ← c( "PC1", "PC2" )
```

スクリプトを実行すると，標準化された行列**AY**，分散共分散行列**V**は，次のように得られる．

```
>AY
```

|   | [,1] | [,2] |
|---|------|------|
| A | 0.7302293 | 0.3212877 |
| B | 0.2690319 | 1.0441851 |

| | | |
|---|---|---|
| C | 1.1914268 | 1.2851509 |
| D | 0.4996306 | -0.4016097 |
| E | -1.1145605 | -0.6425755 |
| F | -1.5757580 | -1.6064387 |

\>V

| | [,1] | [,2] |
|---|---|---|
| [1,] | 1.0000000 | 0.8489312 |
| [2,] | 0.8489312 | 1.0000000 |

また，固有行列**TY**，固有値*LY*，寄与率*kiyo*は，次のようになる．

\>TY

| | [,1] | [,2] |
|---|---|---|
| [1,] | -0.7071068 | 0.7071068 |
| [2,] | -0.7071068 | -0.7071068 |

\>LY

[1] 1.8489312    0.1510688

\>kiyo

[1] 0.92446561    0.07553439

上記の主成分の結果を表4・2・3にまとめる．標準化されたデータの主成分は，この例では第4・2・2項の表4・2・2に得られた主成分とほぼ同様の傾向を示していることがわかる．さらに，主成分得点**ZY**の計算結果は次のようになる．

\>ZY

| | PC1 | PC2 |
|---|---|---|
| A | -0.74353484 | 0.28916537 |
| B | -0.92858463 | -0.54811614 |
| C | -1.75120489 | -0.06627298 |

表4・2・3 主成分の計算結果
（標準化されたデータ利用）

| 科目の変量 | 主成分係数 | |
|---|---|---|
| | 第1主成分 | 第2主成分 |
| 科目A | -0.707 | 0.707 |
| 科目B | -0.707 | -0.707 |
| 寄与率(%) | 92.4 | 7.6 |

| | | |
|---|---|---|
| D | -0.06931126 | 0.63727309 |
| E | 1.24248278 | -0.33374385 |
| F | 2.25015284 | 0.02169450 |

図4・2・6に第1主成分得点PC1と第2主成分得点PC2の相関図を示す．各軸の値は標準化により小さくなっているが，各生徒のデータは，図4・2・4の場合とほぼ同様な傾向を示していることがわかる．

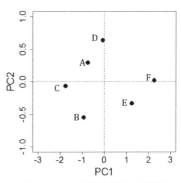

図4・2・6　PC1とPC2の相関図
（標準化されたデータ利用）

なお，式(4・2・10)左辺のもとのデータを標準化した分散共分散行列は，元データの**相関行列**（correlation matrix）と等しくなる．Rでは，この相関行列は元データに関数corを適用することにより次のように求めることができる．

 >y1 ← c( 80, 70, 90, 75, 40, 30 )
 >y2 ← c( 75, 90, 95, 60, 55, 35 )
 >A ← cbind( y1, y2 )
 >V2 ← cor(A)

相関行列**V2**の計算結果は次のようになる．

 >V2

| | y1 | y2 |
|---|---|---|
| y1 | 1.0000000 | 0.8489312 |
| y2 | 0.8489312 | 1.0000000 |

上記の結果より，相関行列**V2**は例4・2・5で求めた行列**V**と等しくなることがわかる．

ここでは，第4・2・1項で述べた原理に基づき，標準化されたデータの分散共分散行列を求めて，それを固有値分解することにより主成分を求めたが，実

際には，標準化していないもとのデータを直接，関数 cor に渡して相関行列を求め，それを固有値分解して主成分を求める方が簡単である（第4・2・5項のステップ1参照）．

### 4・2・4　特異値分解（SVD）を用いた PCA

ここでは，図4・2・1の行列データにおいて，項目 Y の各変数を標準化したデータを取り扱う．このデータの主成分の計算に，特異値分解（SVD）を適用した場合について説明する．

まず，図4・2・1の行列 $A$ の項目 Y の各列の変数について，第4・2・3項で述べた式(4・2・8)および式(4・2・9)で標準化し，得られた行列を $A^{(Y)}$ とする．行列 $A^{(Y)}$ を転置した行列に SVD を適用して，次のように分解する．

$$A^{(Y)T} = T^{(項目Y)} \Sigma T^{(項目X)T} \qquad (4・2・12)$$

ここで，行列 $T^{(項目Y)}$ および $T^{(項目X)}$ は，各列（または行）が正規直交となる左特異行列および右特異行列を表す．なお，上式の行列 $T^{(項目Y)}$ の各列ベクトルは，項目 Y の第1～第 $l_2$ 主成分の係数をそれぞれ持っている．また，行列 $\Sigma$ は特異値の行列であり，次のように対角成分に特異値を持っている（以上，第4・1・2項参照）．

$$\Sigma = \begin{bmatrix} \sigma_1 & 0 & \cdots & 0 \\ 0 & \sigma_2 & 0 & \vdots \\ \vdots & 0 & \ddots & 0 \\ 0 & \cdots & 0 & \sigma_{l_2} \end{bmatrix} \qquad (4・2・13)$$

項目 Y の第 $k$ 主成分の寄与率 $c_k^{(項目Y)}$ は，特異値を用いて次式により計算できる．

$$c_k^{(項目Y)} = \frac{\sigma_k^2}{\sum_{j=1}^{l_2} \sigma_j^2} \qquad (4・2・14)$$

また，項目 Y の第 $k$ 主成分までの累積寄与率は次式で求めることができる．

$$\sum_{j=1}^{k} c_j^{(項目Y)} \qquad (4・2・15)$$

## 4・2 主成分分析

さらに，項目 Y の主成分を利用して，項目 X の主成分得点は次式で得られる．

$$Z^{(項目 Y)} = A^{(Y)} T^{(項目 Y)} \qquad (4・2・16)$$

【例4・2・6】 表4・2・1に示す科目 A と科目 B の 2 つの変量からなるデータを標準化し，そのデータの特異値分解から主成分，寄与率および主成分得点を計算せよ．

［解］与えられたデータの特異値分解には関数 svd を利用し，次のスクリプトにより計算する．

```
>y1 ← c( 80, 70, 90, 75, 40, 30 )
>y2 ← c( 75, 90, 95, 60, 55, 35 )
># 標準偏差を計算する関数の定義
>hensa ← function(x) sqrt( var(x)*(length(x)-1)/length(x) )
># 各列データの標準化
>y1s ← scale( y1, center = T, scale = hensa(y1) )
>y2s ← scale( y2, center = T, scale = hensa(y2) )
>AY ← cbind( y1s, y2s )
>rownames( AY ) ← c( "A", "B", "C", "D", "E", "F" )
>TY ← svd( t(AY))$u    # 左特異行列の結果
>S ← svd(t(AY))$d      # 特異値の結果
>kiyo ← S^2 /sum(S^2)  # 寄与率の計算
>ruiseki ← cumsum(kiyo)   # 累積寄与率の計算
>ZY ← AY %*% TY        # 主成分得点の計算
>colnames( ZY ) ← c( "PC1", "PC2" )
```

このスクリプトを実行して得られる主成分係数の行列***TY***，寄与率*kiyo*，累積寄与率*ruiseki*，主成分得点***ZY***の計算結果を次に示す．

```
> TY
            [,1]           [,2]
[1,]    -0.7071068     0.7071068
```

212　　　　　　　　　　第4章　主成分分析

```
    [2,]             -0.7071068      -0.7071068
>S
[1] 3.330704   0.952057
>kiyo
[1] 0.92446561   0.07553439
>ruiseki
[1] 0.9244656   1.0000000
>ZY
                  PC1             PC2
    A         -0.74353484     -0.28916537
    B         -0.92858463      0.54811614
    C         -1.75120489      0.06627298
    D         -0.06931126     -0.63727309
    E          1.24248278      0.33374385
    F          2.25015284     -0.02169450
```

　前項の例4・2・5の計算結果と異なるところは，主成分係数の行列**TY**の第2列ベクトル（下線部）について見られ，絶対値は同じであるが，符号が逆になっている．この主成分で計算された第2主成分得点 PC2（下線部）も第4・4・2項で述べたものと同様に考えて，符号の反転に注意して主成分の解釈をすると，本質的には例4・2・5と同様の結果が得られているといえる．

### 4・2・5　PCA の適用例

　ここでは，R のデータセットの iris（前著第3・1・10項参照）を利用する．iris はサイズ150×5の行列データであり，アヤメについての萼（がく）片（Sepal）の長さ（Length）と幅（Width），花弁（Petal）の長さと幅，および，種（Species）の5つの変量を持つデータセットである．

## 4・2 主成分分析

この計算には，iris の種（Species）以外の4つの変量のデータを用い，図4・2・7に示すようなデータ構造を持つサイズ150×4の行列***A***を構成して，このデータに PCA を適用する．なお，行列***A***の各行はサンプル番号に対応しており，1〜50 行までが Iris setosa, 51〜100 行までが Iris versicolor, 101〜150 行までが Iris virginica の品種に関するデータである．

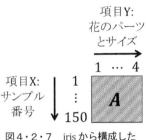

図4・2・7 iris から構成した行列データの構造

以下では，項目 Y の各列の変量を標準化したデータに対して PCA を適用し，項目 Y の花のパーツとサイズの変量に関する主成分を求めて，項目 X の各サンプルについての主成分得点の計算を行う．

### 【ステップ1】データの前処理と相関行列の計算

データセット iris から対象の変量を取り出して，図4・2・7のデータ構造を作成し，そのデータの相関行列を計算する．

```
>data(iris)         # データセット iris を利用
>A ← iris[,1:4]     # 種以外の変量のデータの取得
>V ← cor(A)         # 相関行列の計算
```

各変量に対する相関行列は次のようになる．

```
>V
```

|  | Sepal.Length | Sepal.Width | Petal.Length | Petal.Width |
|---|---|---|---|---|
| Sepal.Length | 1.0000000 | -0.1175698 | 0.8717538 | 0.8179411 |
| Sepal.Width | -0.1175698 | 1.0000000 | -0.4284401 | -0.3661259 |
| Petal.Length | 0.8717538 | -0.4284401 | 1.0000000 | 0.9628654 |
| Petal.Width | 0.8179411 | -0.3661259 | 0.9628654 | 1.0000000 |

### 【ステップ2】相関行列の固有値分解による主成分と寄与率の計算

ステップ1で得られた相関行列 $V$ に固有値分解を行い,主成分を求める.

```
>result ← eigen( V )      # 相関行列の固有値分解
>TY ← result$vectors      # 固有行列の取得
>LY ← result$values       # 固有値の取得
>kiyo ← LY/sum( LY )      # 寄与率の計算
>ruiseki ← cumsum(kiyo)   # 累積寄与率の計算
```

行列 $TY$ の各列ベクトルに主成分係数が入っており,固有値 $LY$ から寄与率 $kiyo$ および累積寄与率 $ruiseki$ を計算している.この計算結果を表4・2・4に示す.この表

表4・2・4　主成分の計算結果

| 花のパーツと | 主成分係数 | | | |
| サイズの変量 | 第1主成分 | 第2主成分 | 第3主成分 | 第4主成分 |
|---|---|---|---|---|
| Sepal.Length | 0.521 | -0.377 | 0.720 | 0.261 |
| Sepal.Width | -0.269 | -0.923 | -0.244 | -0.124 |
| Petal.Length | 0.580 | -0.024 | -0.142 | -0.801 |
| Petal.Width | 0.565 | -0.067 | -0.634 | 0.524 |
| 寄与率(%) | 73.0 | 22.9 | 3.7 | 0.5 |

より,第2主成分までの累積寄与率73.0 + 22.9 = 95.9で約96%あり,データの情報の大部分を要約していることがわかる.通常,データの分析には累積寄与率が80%を超えるまでの主成分がよく利用されることから,この場合は第2主成分までを用いればよいが,ここでは第3主成分までを用いることにする.そして,各主成分が示す意味を考察してみると,第1主成分は Sepal.Width 以外の3つの変量の主成分係数が大きく,また,それらの符号が同じことから花の大きさを表す成分と考えられる.第2主成分は,Sepal.Width の係数の絶対値が他の変量と比較して大きいことから,萼片の幅の大きさを表す成分と考えられる.第3主成分は Sepal.Length と Petal.Width の係数の絶対値が大きく,符号が反対であることから,萼片の長さと花弁の幅の大きさを表す成分と考えられる.

## 【ステップ3】主成分得点の計算

もとの行列データ $A$ とステップ2で得られた固有行列 $TY$ の主成分を用いて,

## 4・2 主成分分析

主成分得点を求める．行列$A$の標準化には関数 scale を用いる．また，関数 plot により，第3主成分までの主成分得点のうちの2成分ずつのすべての組み合わせの相関を表す散布図の行列を作成した（図4・2・8）．

>ZY ← scale(A) %*% TY     # 主成分得点の計算
>df ← as.data.frame( ZY[ , 1:3 ] )     # データフレームへの変換
>colnames( df ) ← c( "PC1", "PC2", "PC3" )
>label ← as.numeric( iris[ , 5 ] )     # ラベルの設定

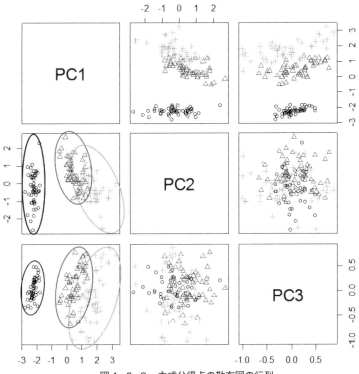

図4・2・8　主成分得点の散布図の行列

```
>plot( df, col = label, pch = label , main="アヤメの種類のPCA（○：setosa,
       △：versicolor，＋：virginica）")    # 散布図行列の表示
```
図中の PC1〜PC3 は第 1〜第 3 主成分得点を表している．たとえば，この図の 2 行 1 列目の散布図は，横軸が PC1，縦軸が PC2 のグラフであり以下同様である．また，○印が Iris setosa，△印が Iris versicolor，＋印が Iris virginica の各品種のサンプル点を表す．

ここで，PC1 は表 4・2・4 の第 1 主成分から求められており，ステップ 2 における主成分の考察から，PC1 の得点が大きくなるほど，花が大きくなるということができ，同様に考えて，PC2 は，その得点が小さく（負で大きく）なるほど，萼片の幅が大きな花であるといえる．

このことを踏まえて，図 4・2・8 の 2 行 1 列目の散布図を見てみると，PC1 の軸（横軸）で見た場合，PC1 の得点が高い virginica の花が大きく，versicolor，setosa の順序で花が小さくなっていく傾向となる．また，PC2 の軸（縦軸）で見た場合，PC2 の得点のばらつき方から setosa と virginica の萼片の幅の傾向は似ているが，これらに比べると versicolor の幅のばらつきの範囲は狭い傾向がある．この図において，各サンプルを品種のグループとすると，versicolor と virginica のグループは重なりが見られるが，全体としては，大きく 3 つの品種のクラスターが形成されていることがわかる（図中のクラスターの楕円は R で描いたグラフの上から記入したものである）．

また，同図の 3 行 1 列目の散布図は，横軸が PC1，縦軸が PC3 のグラフである．PC3 は，表 4・2・4 の第 3 主成分から求められ，すなわち，萼片の長さと花弁の幅を表す成分の得点であった．PC3 軸上（縦軸）で見てみると，どの品種のサンプルも得点のばらつきが見られるが，setosa のばらつきが一番少なくまとまっており，versicolor, virginica の順序でばらつきが大きくなることがわかる．また，2 行 1 列目の散布図と同様の傾向のクラスターが形成されていることもわかる．これら 2 つの散布図における品種のクラスターを比較すると，

後者の方が PC3 の寄与率が約 3.7%と小さいにも関わらず，クラスターの分かれ方がよいという傾向が見られる．

この例では，PC1 と PC2 または PC1 と PC3 の関係を利用することにより，アヤメの品種のグループ化を試みたが，他のデータでも，複数の主成分得点を組み合わせて分析を行うことでデータ分類に利用可能である．

### 4・2・6　R の関数による PCA

R には，PCA を行う関数として，固有値分解に基づく princomp と特異値分解に基づく prcomp がある[6]．ここでは，prcomp を用いた PCA について説明する．

この関数の利用については，分析したいデータの入った行列名を prcomp(行列名) と関数に渡す．すると，引数として与えられた行列の分散共分散行列についての主成分，寄与率および主成分得点などを得ることができる．

たとえば，データ行列名を *A*，計算結果を受け取る変数を *kekka* とすると，kekka ← prcomp(A) とすると，*kekka* にリスト形式で計算結果が返される．主成分係数の取得は，kekka$rotation とすればよい．寄与率は関数 summary を用いて，summary(kekka) とすることで確認できる．主成分得点は，kekka$x により取得できる．

また，与えられた行列 *A* の相関行列についての主成分が計算したい場合には，次のようにパラメータ scale を TRUE とする．

$$kekka2 \leftarrow prcomp(A, scale = TRUE)$$

次に，前項で利用したデータセット iris について，関数 prcomp を利用した計算例を示す．

【例 4・2・7】　データセット iris について，前項の図 4・2・7 に示した行列データ *A* を用いて，相関行列から得られる主成分，寄与率および主成分得点を関数 prcomp により計算せよ．

[解] 関数prcompのパラメータscaleを TRUE として，行列 $\boldsymbol{A}$ の相関行列から得られる主成分，すなわち，標準化された行列データ $\boldsymbol{A}$ の主成分を計算する．

>data( iris )　　# データセット iris を利用

>A ← iris[ , 1:4 ]　　# 種以外の変量のデータの取得

>result ← prcomp( A, scale = TRUE )　　# 標準化されたデータの PCA

>TY ← result$rotation　　# 主成分係数の取得

行列 $\boldsymbol{TY}$ に主成分係数が列ベクトルとして入っており，これらの係数の計算結果は前項の表4・2・4と同じ結果が得られる．

寄与率は関数summaryにより次のようにして確認することができる．

> summary(result)

Importance of components:

|  | PC1 | PC2 | PC3 | PC4 |
|---|---|---|---|---|
| Standard deviation | 1.7084 | 0.9560 | 0.38309 | 0.14393 |
| Proportion of Variance | 0.7296 | 0.2285 | 0.03669 | 0.00518 |
| Cumulative Proportion | 0.7296 | 0.9581 | 0.99482 | 1.00000 |

上記の結果において，PC1〜PC4 が第1〜第4主成分を表し，寄与率および累積寄与率は，Proportion of Variance の行および最下行に示されており，前項と同じ結果となっている．

また，次のようにして主成分得点が取得でき，前項と同じ主成分得点の結果となることが確認できる（結果は省略する）．

>ZY ← result$x　　# 主成分得点の取得

>df ← as.data.frame( ZY )　　# データフレームへの変換

>label ← as.numeric( iris[ , 5 ] )　　# ラベルの設定

>plot( df, col = label, pch = label )　　# 散布図（相関図）の表示

## 4・3 高次特異値分解

**高次特異値分解**（higher-order singular value decomposition; HOSVD）[7]は，行列の特異値分解（SVD）を3階以上の**高階テンソル**（higher-order tensor）の分解に拡張したものであり，パターン認識，画像処理，データ分析など，色々な分野で応用されている．ここでは，まず，Rで高階テンソルを扱うために有用なパッケージであるrTensor[8]の導入方法および高階テンソルの定義について述べる．次に，高階テンソルの重要な操作および演算である**行列展開**（matrix unfolding）と$n$-**モード積**（$n$-mode product）[7]の定義および原理について述べ，最後に，それらを適用したHOSVDの計算について，Rでの実行例を示す．なお，以下では3階テンソルを例に取り上げて説明する．

### 4・3・1 パッケージrTensorのインストール

rTensorは，高階テンソルを取り扱うためのパッケージであり，高階テンソルに関する生成・操作・演算・分解などを行うための各種関数が提供されている．たとえば，配列，行列，ベクトルからrTensorで取り扱うことができるテンソルを生成する関数as.tensor，テンソルを行列に展開する関数unfold，テンソルと行列の積の計算をする関数ttm，テンソルの**フロベニウスノルム**（第4・3・5項参照）を求める関数fnorm，テンソルの高次特異値分解を計算する関数

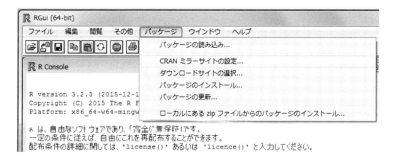

図4・3・1 「パッケージ」のメニュー

220    第4章　主成分分析

hosvd などが含まれている.

　rTensor をインストールするには，以下のようにするとよい（第2・2・2項でも記したが，本章から読み始める場合のために再述する）.

　まず，R を起動して，図4・3・1に示す「パッケージ」のメニューを選択し，「CRAN ミラーサイトの設定...」を選択する. すると，図4・3・2に示す HTTPS CRAN mirror のウィンドウが開き国名が表示されるので，ここで「Japan(Tokyo)[https]」を選択し，ダブルクリックする. 次に，再び図4・3・1の「パッケージ」を選び，その中の「パッケージのインストール...」を選択する. そうすると，図4・3・3に示す Packages のウィンドウが立ち上がり各種パッケージの名称が表示されるので，下方にスクロールさせて「rTensor」を選択

　　　図4・3・2　ミラーサイトの選択　　　図4・3・3　パッケージの選択

し，ダブルクリックする．以上の操作により，インストールが実行され，rTensor が R に導入される．

### 4・3・2　テンソルの表記と生成

第 1 章で述べたように，本書においてはテンソルは主に多次元配列のことを指し，3 階テンソル（3rd-order tensor）とは 3 次元配列（3-dimensional array）のことである．本書では，テンソルを$\mathcal{A}$, $\mathcal{S}$ などの書体の記号で表すこととする．ここで，テンソルは多次元配列であるので，その各要素は添字を用いて指定されるが，サイズ$I_1 \times I_2 \times I_3$の 3 階テンソル$\mathcal{A}$の$(i_1, i_2, i_3)$要素を$a_{i_1 i_2 i_3}$で表す．図 4・3・4 にこのテンソルのイメージを示す．なお，各添字の範囲は，$i_1 = 1, 2, \cdots, I_1$，$i_2 = 1, 2, \cdots, I_2$，$i_3 = 1, 2, \cdots, I_3$であり，図中の前面左上端の 1 は添字の始点を表している．この図において，**モード**（mode）とはテンソルにおける向きを表し，ここでは，3 階テンソルの縦方向を 1-モード（1-mode），横方向を 2-モード（2-mode），奥行き方向を 3-モード（3-mode）とする．

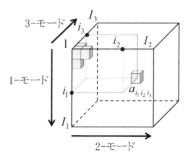

図 4・3・4　3 階テンソル$\mathcal{A}$のイメージ

【例 4・3・1】　パッケージ rTensor の関数 as.tensor を利用して，サイズが $2 \times 3 \times 4$ の 3 階テンソルの生成を行え．ただし，要素は任意とする．

[解] 次のようにする．

```
>library(rTensor)    #rTensorを利用できるようにする
>#サイズ2×3×4の3次元配列の各要素に1から24の値を格納
>A←array(1:24,dim=c(2,3,4))
>A←as.tensor(A)    #配列AからrTensorで取り扱うことができるテンソルを生成
```

生成されたテンソル$\mathcal{A}$の情報を確認するためには@演算子を利用する[9]．まず，$\mathcal{A}$が何

階テンソルであるかは，テンソル名の後に@num_modeを付け，次のように確認できる．

>A@num_modes    # A が何階のテンソルか調べる

[1] 3

これより，$\mathcal{A}$は3階テンソルであることがわかる．また，$\mathcal{A}$のサイズは，テンソル名の後に@modesを付け，次のようにして確認できる．

>A@modes    # A のサイズを調べる

[1] 2 3 4

したがって，$\mathcal{A}$のサイズは，$2 \times 3 \times 4$であることがわかる．さらに，$\mathcal{A}$に格納されている各要素は，テンソル名の後に@dataを付け，次のようにして確認できる．

>A@data    # A の各要素の値を調べる

, , 1

|     | [,1] | [,2] | [,3] |
| --- | --- | --- | --- |
| [1,] | 1 | 3 | 5 |
| [2,] | 2 | 4 | 6 |

, , 2

|     | [,1] | [,2] | [,3] |
| --- | --- | --- | --- |
| [1,] | 7 | 9 | 11 |
| [2,] | 8 | 10 | 12 |

, , 3

|     | [,1] | [,2] | [,3] |
| --- | --- | --- | --- |
| [1,] | 13 | 15 | 17 |
| [2,] | 14 | 16 | 18 |

, , 4

|     | [,1] | [,2] | [,3] |
| --- | --- | --- | --- |
| [1,] | 19 | 21 | 23 |
| [2,] | 20 | 22 | 24 |

上記の結果から，テンソル$\mathcal{A}$の奥行き方向に関して手前1枚目から4枚目までの行列形式で，1から24の値が各要素にどのように格納されているかを確認することができる．

### 4・3・3 テンソルの行列展開

HOSVDの計算を行う際には，テンソルを行列に変換する操作が必要となり，この操作は**行列展開**と呼ばれる．3階テンソルにおいては，以下に示す3通りの展開方法があり，ここでは，Lathauwerらの文献に基づいて説明する[7]．

**1-モード行列展開**：サイズ$I_1 \times I_2 \times I_3$の3階テンソル$\mathcal{A}$の要素$a_{i_1 i_2 i_3}$を，行列$\boldsymbol{A}_{(1)}$の$i_1$行$\{(i_2-1)I_3+i_3\}$列となるように展開する．このとき，行列$\boldsymbol{A}_{(1)}$のサイズは$I_1 \times (I_2 \cdot I_3)$となる．

**2-モード行列展開**：サイズ$I_1 \times I_2 \times I_3$の3階テンソル$\mathcal{A}$の要素$a_{i_1 i_2 i_3}$を，行列$\boldsymbol{A}_{(2)}$の$i_2$行$\{(i_3-1)I_1+i_1\}$列となるように展開する．このとき，行列$\boldsymbol{A}_{(2)}$のサイズは$I_2 \times (I_3 \cdot I_1)$となる．

**3-モード行列展開**：サイズ$I_1 \times I_2 \times I_3$の3階テンソル$\mathcal{A}$の要素$a_{i_1 i_2 i_3}$を，行列$\boldsymbol{A}_{(3)}$の$i_3$行$\{(i_1-1)I_2+i_2\}$列となるように展開する．このとき，行列$\boldsymbol{A}_{(3)}$のサイズは$I_3 \times (I_1 \cdot I_2)$となる．

ただし，上の各展開の計算は，$i_1=1,2,\cdots,I_1$, $i_2=1,2,\cdots,I_2$, $i_3=1,2,\cdots,I_3$のすべての要素について行う．

この行列展開の原理を第4・3・2項で取り上げたテンソルを例として，Rを利用した実行結果により詳説する．

【例4・3・2】 例4・3・1で利用したサイズ$2 \times 3 \times 4$の3階テンソルの行列展開を計算

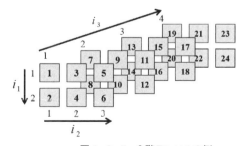

図4・3・5　3階テンソルの例

せよ．

[解] 図4・3・5は，例4・3・1で扱った3階テンソルのイメージであり，四角内の数値が各要素に格納されている値，四角外の数字は要素番号を示す．上述の行列展開の方法をRで記述すると，次のようになる．

```
library( rTensor )    # パッケージ rTensor の指定
I1 ← 2 ;  I2 ← 3 ;  I3 ← 4 ;   # テンソルAのサイズ
A ← array( 1:(I1*I2*I3), dim = c( I1, I2, I3 ) )   # Aに1〜24の値を格納
A ← as.tensor( A )     # AをrTensorで扱えるオブジェクトにする
A1 ← array( 0, dim= c( I1, I2*I3 ) )   # 行列A1の初期化
A1 ← as.tensor( A1 )    # A1をrTensorで扱えるオブジェクトにする
A2 ← array( 0, dim= c( I2, I3*I1 ) )    # A2の初期化
A2 ← as.tensor( A2 )    # A2をrTensorで扱えるオブジェクトにする
A3 ← array( 0, dim= c( I3, I1*I2 ) )    # A3の初期化
A3 ← as.tensor( A3 )    # A3をrTensorで扱えるオブジェクトにする
for( i1 in 1:I1 ) {   # 以下行列展開を行う
    for( i2 in 1:I2 ) {
        for( i3 in 1:I3 ) {
            temp ← A[ i1, i2, i3 ]
            A1[ i1, (i2-1)*I3 + i3 ] ← temp    # AをA1に展開
            A2[ i2, (i3-1)*I1 + i1 ] ← temp    # AをA2に展開
            A3[ i3, (i1-1)*I2 + i2 ] ← temp    # AをA3に展開
        }    # for( i3 ... )の終わり
    }    # for( i2 ... )の終わり
}    # for( i1 ... )の終わり
```

上のスクリプトを実行した後，A1@dataと実行すると，図4・3・6の表枠内の形式で1-モード行列展開が表示される．この図の表枠外に，図4・3・5で示したテンソル$\mathcal{A}$の要素

番号との対応を示している．これより，この行列展開は，図4・3・5におけるテンソルにおいて，2-モード（$i_2$）を固定して，1-モード（$i_1$）を行，3-モード（$i_3$）を列とする行列，すなわちRでの記述ではテンソル$\mathcal{A}$の部分行列A[ ,$i_2$, ]を$i_2 = 1, 2, 3$として取り出し，図4・3・6のようにそれぞれ横に並べて構成されたものであることがわかる．簡単にいえば，1-モード行列展開は，3階テンソルを左から右にスライスして得られる各行列を横に並べるものである．

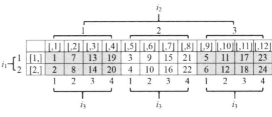

図4・3・6　1-モード行列展開の例

次に，2-モード行列展開は，A2@dataと実行すると，図4・3・7の表枠内の形式で結果が表示される．この展開は，1-モード行列展開と同様に考えると，図4・3・5におけるテンソルにおいて，3-モード（$i_3$）を固定して，2-モード（$i_2$）を行，1-モード（$i_1$）を列とする行列，Rの記述ではテンソル$\mathcal{A}$の部分行列の転置行列t( A[ , ,$i_3$])を$i_3 = 1, 2, 3, 4$として取り出し，図4・3・7のように横に並べたものである．すなわち，この展開は3階テンソルを手前から奥にスライスして得られた各行列を転置して横に並べたものとなる．

図4・3・7　2-モード行列展開の例

最後に，A3@dataと実行して，3-モード行列展開の結果を表示させたものを図4・3・8の表枠内に示す．これまで同様に，この展開は，図4・3・5におけるテンソルにおいて，1-モード（$i_1$）

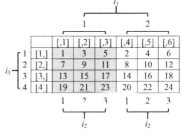

図4・3・8　3-モード行列展開の例

を固定して，3-モード（$i_3$）を行，2-モード（$i_2$）を列とする行列，R ではテンソル$\mathcal{A}$の部分行列の転置行列t( A[$i_1$, , ])を$i_1 = 1, 2$として取り出し，図4・3・8のように横に並べたものである．これは，3階テンソルを上から下にスライスして得られる各行列を転置して横に並べたものである．

例4・3・2では自作のスクリプトにより行列展開を行ったが，この展開はrTensor パッケージの関数 unfold を用いても行うことができるので，次にその利用例を示す．

【例4・3・3】 関数 unfold により，例4・3・1で利用したサイズ2×3×4の3階テンソルの行列展開の計算を行え．

［解］まず，この関数の利用方法について説明する．この関数は次のような形式で利用できる．

  unfold(tnsr, row_idx, col_idx)

  ＜引数＞

   tnsr: 入力の高階テンソル

   row_idx: 行列展開の行に移すtnsrのモードのインデックス

   col_idx: 行列展開の列に移すtnsrのモードのインデックス

  ＜戻り値＞

   行列展開

ここで，引数row_idxおよびcol_idxには，戻り値とする行列展開の行および列にテンソルtnsrのどのモードを移すかを，モードのインデックスで指定する必要がある．3階テンソルの場合，そのインデックスは1-モードならば1，2-モードは2，3-モードは3を与えるとよい．

次に，図4・3・5の3階テンソルを例に，関数 unfold を利用して，行列展開を作成する方法について説明する．1-モード行列展開は図4・3・6のように展開され，図示される各モードの対応関係から，行に1-モード，列に2-モードおよび3-モードが移されること

がわかる．そこで，関数 unfold の引数row_idxに 1 を渡す．col_idxには複数のインデックスを渡すために，関数 c でベクトル化して渡すが，3-モードの添字$i_3$を 2-モードの添字よりも先に変化させる必要があるため，このモードをベクトルの最初に与えることにして，col_idxにc( 3, 2 )を渡す．以上より，この展開は次のように記述できる．

library( rTensor )

A ← array( 1:24, dim= c( 2, 3, 4 ) )

A ← as.tensor( A )

A1 ← unfold( A, row_idx=1, col_idx = c( 3, 2 ) )　# 1-モード行列展開

# または

A1 ← unfold( A, 1, c( 3, 2 ) )　# 1-モード行列展開（略記形）

同様に，2-モードおよび3-モード行列展開の計算も次のようになる．

A2 ← unfold( A, row_idx=2, col_idx = c( 1, 3 ) )　# 2-モード行列展開

A3 ← unfold( A, row_idx=3, col_idx = c( 2, 1 ) )　# 3-モード行列展開

これらのスクリプトを実行後，A1@data，A2@data，A3@dataを実行すると，例4・3・2の自作スクリプトで作成した行列展開と同じ結果が得られる．

### 4・3・4　$n$-モード積

$n$-モード積[7]は，高階テンソルと行列の積の演算である．3階テンソルの場合，以下の3通りの演算が定義される．

**1-モード積**：サイズ$I_1 \times I_2 \times I_3$の3階テンソル$\mathcal{A}$とサイズ$J_1 \times I_1$の行列$U^{(1)}$の1-モード積を$\mathcal{A} \times_1 U^{(1)}$と記述し，この演算によりサイズ$J_1 \times I_2 \times I_3$の3階テンソルが得られる．ここで，$\mathcal{A} \times_1 U^{(1)}$の$(j_1, i_2, i_3)$要素は，次式によって定義される．

$$(\mathcal{A} \times_1 U^{(1)})_{j_1 i_2 i_3} = \sum_{i_1=1}^{I_1} a_{i_1 i_2 i_3} u_{j_1 i_1} \qquad (4・3・1)$$

**2-モード積**：サイズ$I_1 \times I_2 \times I_3$の3階テンソル$\mathcal{A}$とサイズ$J_2 \times I_2$の行列$U^{(2)}$の2-モード積を$\mathcal{A} \times_2 U^{(2)}$と記述し，サイズ$I_1 \times J_2 \times I_3$の3階テンソルが得られる．ここで，$\mathcal{A} \times_2 U^{(2)}$の$(i_1, j_2, i_3)$要素は，次式によって定義される．

$$(\mathcal{A} \times_2 U^{(2)})_{i_1 j_2 i_3} = \sum_{i_2=1}^{I_2} a_{i_1 i_2 i_3} u_{j_2 i_2} \quad (4 \cdot 3 \cdot 2)$$

**3-モード積**：サイズ$I_1 \times I_2 \times I_3$の3階テンソル$\mathcal{A}$とサイズ$J_3 \times I_3$の行列$U^{(3)}$の3-モード積を$\mathcal{A} \times_3 U^{(3)}$と記述し，サイズ$I_1 \times I_2 \times J_3$の3階テンソルが得られる．ここで，$\mathcal{A} \times_3 U^{(3)}$の$(i_1, i_2, j_3)$要素は，次式によって定義される．

$$(\mathcal{A} \times_3 U^{(3)})_{i_1 i_2 j_3} = \sum_{i_3=1}^{I_3} a_{i_1 i_2 i_3} u_{j_3 i_3} \quad (4 \cdot 3 \cdot 3)$$

なお，$n$-モードと$m$-モードの積の演算について，$n \neq m$とするとき次の性質がある[7]※．

$$\mathcal{A} \times_n U^{(n)} \times_m U^{(m)} = (\mathcal{A} \times_n U^{(n)}) \times_m U^{(m)} = (\mathcal{A} \times_m U^{(m)}) \times_n U^{(n)}$$
$$(4 \cdot 3 \cdot 4)$$

Rにおいては，$n$-モード積の計算はrTensorに用意されている関数ttm[8]により行うことができる．関数ttmは次の形式で利用する．

```
ttm(tnsr, mat, m)
```
　＜引数＞
　　tnsr: 入力の高階テンソル
　　mat: 入力の行列
　　m: $n$-モード積を行うモード
　＜戻り値＞
　　高階テンソル

引数$m$は，$n$-モード積を行うモードを指定するが，3階テンソルの場合，1-モードならば1，2-モードあるいは3-モードはそれぞれ2,3を指定する．ただし，

---

※ $n$-モード積の計算を行う際には，テンソルの$n$-モードのサイズと行列の列のサイズが一致している必要がある．

## 4・3 高次特異値分解

行列matの列のサイズは，引数mで指定されたtnsrのモードのサイズと等しくなければならない．次に，関数 ttm を利用した簡単な$n$-モード積の計算例を示す．

**【例4・3・4】** 図4・3・5に示したサイズ$2\times 3\times 4$の3階テンソル$\mathcal{A}$とサイズ$2\times 4$の行列$\boldsymbol{U}$の3-モード積を関数 ttm により求めよ．ただし，$\boldsymbol{U}$には1列目から順に1から8までの整数値を与えるものとする．

［解］次のようにして計算する．

>library(rTensor)
>A ← array( 1:24, dim = c( 2, 3, 4 ) )
>A ← as.tensor(A)
>U ← matrix( 1:8, nrow = 2, ncol = 4 )　　# サイズ$2\times 4$の行列
>ttm( A, U, m = 3 )@data　　　# 3-モード積の計算と表示

行列$\boldsymbol{U}$は次のようになる．

>U

|      | [,1] | [,2] | [,3] | [,4] |
|------|------|------|------|------|
| [1,] | 1    | 3    | 5    | 7    |
| [2,] | 2    | 4    | 6    | 8    |

上の3-モード積の実行結果は，サイズ$2\times 3\times 2$の3階テンソルで次のようになる．

, , 1

|      | [,1] | [,2] | [,3] |
|------|------|------|------|
| [1,] | 220  | 252  | 284  |
| [2,] | 236  | 268  | 300  |

, , 2

|      | [,1] | [,2] | [,3] |
|------|------|------|------|
| [1,] | 260  | 300  | 340  |
| [2,] | 280  | 320  | 360  |

### 4・3・5 高次特異値分解(HOSVD)とその計算

HOSVDは，行列のSVDを3階以上の高階テンソルに拡張したものである．したがって，これは$N$階テンソルの分解までに拡張可能であるが，ここでは，3階テンソルの場合について説明する．

HOSVDは，サイズ$I_1 \times I_2 \times I_3$の3階テンソル$\mathcal{A}$を，サイズ$I_1 \times I_2 \times I_3$のコアテンソル(core tensor)$\mathcal{S}$とサイズ$I_n \times I_n$の直交行列$U^{(n)}$, ($n=1,2,3$)の$n$-モード積として分解するもので，次式のように定義される[7]．

$$\mathcal{A} = \mathcal{S} \times_1 U^{(1)} \times_2 U^{(2)} \times_3 U^{(3)} \quad (4・3・5)$$

図4・3・9に，式(4・3・5)の分解のイメージを示す．

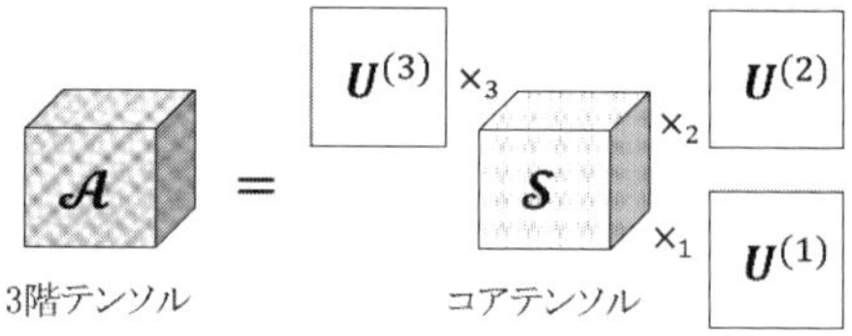

HOSVDの計算アルゴリズムは次のようになる．

図4・3・9 3階テンソルのHOSVDのイメージ

【HOSVDアルゴリズム】

入力：サイズ$I_1 \times I_2 \times I_3$の3階テンソル$\mathcal{A}$

出力：サイズ$I_n \times I_n$の直交行列$U^{(n)}$, ($n=1,2,3$)，サイズ$I_1 \times I_2 \times I_3$のコアテンソル$\mathcal{S}$

【ステップ1】

テンソル$\mathcal{A}$を行列展開し，$n$-モード行列展開$A_{(n)}$, ($n=1,2,3$)を求める．

【ステップ2】

ステップ1で得られた各行列展開$A_{(n)}$を特異値分解により次式のように分解する．

$$A_{(n)} = U^{(n)} \Sigma^{(n)} V^{(n)T}, \quad (n=1,2,3) \quad (4・3・6)$$

ここで，$U^{(n)}$は左特異行列，$V^{(n)}$は右特異行列，$\Sigma^{(n)}$は対角成分に特異値を持つ対角行列を表す．

【ステップ3】

## 4・3 高次特異値分解

ステップ2で得られた行列$U^{(n)}$と入力のテンソル$\mathcal{A}$から，次式によりコアテンソル$\mathcal{S}$を計算する．

$$\mathcal{S} = \mathcal{A} \times_1 U^{(1)T} \times_2 U^{(2)T} \times_3 U^{(3)T} \qquad (4・3・7)$$

【ステップ4】

行列$U^{(n)}$とコアテンソル$\mathcal{S}$を返す．

【例4・3・5】 図4・3・5に示したサイズ$2 \times 3 \times 4$の3階テンソルのHOSVDの計算をRにより行え．

［解］上述したHOSVDアルゴリズムをRで記述すると，以下のようになる．

```
library(rTensor)
A ← array( 1:24, dim = c( 2, 3, 4 ) )
A ← as.tensor(A)
A1 ← unfold( A, 1, c( 3, 2 ) )    # 1-モード行列展開
A2 ← unfold( A, 2, c( 1, 3 ) )    # 2-モード行列展開
A3 ← unfold( A, 3, c( 2, 1 ) )    # 3-モード行列展開
U1 ← svd(A1@data)$u    # A1 の左特異行列を取得
U2 ← svd(A2@data)$u    # A2 の左特異行列を取得
U3 ← svd(A3@data)$u    # A3 の左特異行列を取得
S ← ttm(ttm(ttm(A,t(U1),1),t(U2),2),t(U3),3)    # コアテンソルの計算
S1 ←unfold( S, 1, c( 3, 2 ) )     # コアテンソルの 1-モード行列展開
rec_T←ttm(ttm(ttm(S,U1,1),U2,2),U3,3)    # 3階テンソルの再構成
```

このスクリプトを実行すると，直交行列$U^{(n)}$およびコアテンソル$\mathcal{S}$の値として，図4・3・10および図4・3・11に示す結果が得られる．なお，$\mathcal{S}$の値は1-モード行列展開$\mathcal{S}_{(1)}$で示されている．

また，上記のスクリプトの最下行では，得られた結果からもとの3階テンソルが再構成できるかどうかチェックしており，変数rec_Tに再構成された結果が入っている．そこ

$$U^{(1)} = \begin{bmatrix} -0.6851 & -0.7284 \\ -0.7284 & 0.6851 \end{bmatrix} \quad U^{(2)} = \begin{bmatrix} -0.5029 & 0.7618 & 0.4082 \\ -0.5744 & 0.0584 & -0.8165 \\ -0.6459 & -0.6451 & 0.4082 \end{bmatrix}$$

$$U^{(3)} = \begin{bmatrix} -0.1283 & -0.8268 & -0.4797 & 0.2644 \\ -0.3374 & -0.4314 & 0.8366 & 0.0051 \\ -0.5465 & -0.0361 & -0.2342 & -0.8032 \\ -0.7556 & 0.3592 & -0.1228 & 0.5338 \end{bmatrix}$$

図4・3・10　直交行列$U^{(n)}$の計算結果

$$S_{(1)} = \begin{bmatrix} -69.89 & 0.00 & 0.00 & 0.00 & 0.00 & -3.76 & 0.00 & 0.00 & 0.00 & 0.00 & 0.00 & 0.00 \\ 0.01 & 1.14 & 0.00 & 0.00 & -0.22 & -0.23 & 0.00 & 0.00 & 0.00 & 0.00 & 0.00 & 0.00 \end{bmatrix}$$

図4・3・11　コアテンソルの計算結果

で，rec_T@dataとして表示させると，もとの3階テンソルと同じに再構成されていることがわかる．

rTensorには直接HOSVDを計算する関数hosvd[8]が用意されている．この関数の利用方法は次のとおりである．

　　　hosvd(tnsr, ranks)
　　　＜引数＞
　　　　tnsr: 入力の高階テンソル
　　　　ranks:必要とするコアテンソルのサイズ
　　　＜戻り値＞
　　　　以下のものがリスト形式となっている．
　　　　Z : ranksにより指定されたサイズを持つコアテンソル
　　　　U: 直交行列（各モードの行列がリスト形式となっている）
　　　　est: ZとUを用いて再構成された高階テンソル
　　　　fnorm_resid: 残差テンソル(tnsr − est)のフロベニウスノルム

引数ranksは，出力のコアテンソルのサイズをベクトルで指定する．すなわち，3階テンソルの場合は関数cを用いて，c( 1-モードのサイズ,2-モードのサイズ,3-モードのサイズ )の形式で渡す．なお，この引数は，tnsr@modesで得られるサイズを超えて指定できない．引数を省略した場合は，tnsr@modesのサイ

## 4・3 高次特異値分解

ズが指定される．また，戻り値fnorm_residは残差テンソルの**フロベニウスノルム**（Frobenius norm）を返す．フロベニウスノルムとは，高階テンソルの各要素の2乗の総和の平方根を取ったものである．3階テンソル$\mathcal{A}$のフロベニウスノルム$\|\mathcal{A}\|_F$は，次式で定義される．

$$\|\mathcal{A}\|_F = \sqrt{\sum_{i_1,i_2,i_3} \left(a_{i_1 i_2 i_3}\right)^2} \qquad (4\cdot3\cdot8)$$

次に，3階テンソルについて関数hosvdを利用したHOSVDの計算例を示す．

【例4・3・6】 図4・3・5に示したサイズ2×3×4の3階テンソルのHOSVDを関数hosvdを利用して行え．

[解] ここでは関数hosvdの引数ranksに，もとの3階テンソルと同じサイズを渡してコアテンソルを計算する．つまり，もとのテンソルを完全に分解した場合について示す．

```
library(rTensor)
A ← array( 1:24, dim = c( 2, 3, 4 ) )
A ← as.tensor(A)
hosvdA ← hosvd( A, ranks = c( 2, 3, 4 ) )    # hosvd の計算
U1 ← hosvdA$U[[1]]    # U1 の取得
U2 ← hosvdA$U[[2]]    # U2 の取得
U3 ← hosvdA$U[[3]]    # U3 の取得
S ← hosvdA$Z    # コアテンソルの取得
```

上記のスクリプトを実行して，行列**U1**, **U2**, **U3**およびコアテンソル**S**の値を確認すると，図4・3・10と図4・3・11と同様の結果が得られる（出力結果は省略）．また，hosvdA$est@dataとすると，再構成された3階テンソルが表示され，これがもとのテンソルAと同じになっていることが確認できる．

さらに，次のようにして，もとのテンソルと再構成されたテンソルの残差のノルムを確認すると，ほぼ0となっていることがわかる．

>hosvdA$fnorm_resid
[1] 6.032752e-14

## 4・4　多次元主成分分析

　第4・2節で取り上げた主成分分析（PCA）は，たとえば，第1章の表1・1・3に示されるような1-モードに生徒，2-モードに科目を取った行列データから，科目の変量に関する主成分を求めることができ，その主成分を用いて各生徒の主成分得点を計算するものであった．一般的なデータのPCAでは，1-モードの変量の主成分を求めれば，その主成分を用いて2-モードを分析対象の個体と見た主成分得点が計算でき，逆に2-モードの主成分を求めると，1-モードの各個体についての主成分得点が計算できる．

　**多次元主成分分析**（multi-dimensional principal component analysis; MPCA）は，PCAを3階以上の高階テンソルデータの主成分分析に拡張したもので，主成分の計算は高階テンソルのHOSVDに基づいている[11],[12]．たとえば，第1章の図1・1・3における，1-モードに生徒，2-モードに科目，3-モードに回数を取ったような3階テンソルデータでは，「科目と回数」の2-モードと3-モードの変量を組み合わせた，より複雑な主成分が得られ，その主成分を利用して1-モードの生徒を個体と見たときの主成分得点を計算することができる．一般的な$N$階テンソルデータのMPCAにおいては，$N$個のモードの変量から$N-1$個のモードの変量を組み合わせた主成分を求めることにより，残りの1個のモードを個体と見たときの主成分得点を計算することができる．

　上述のように，MPCAは$N$階テンソルデータの主成分分析に拡張できるが，以下では3階テンソルとして表現されるデータのMPCAの原理と適用例について説明する．

### 4・4・1　主成分と寄与率の計算

第 1 章の図 1・1・3 のデータ構造を，各モードに関する項目を X，Y，Z として，サイズ $I_1 \times I_2 \times I_3$ の 3 階テンソル $\mathcal{T}$ で表現したものを図 4・4・1 に示す．

ここでは，図 4・4・1 に示す構造を持つデータに MPCA を適用する場合を取り上げ，1-モードと 2-モードの変量を組み合わせた主成分を計算し，その主成分を利用して 3-モードを個体と見たときの主成分得点を計算する場合を考える．

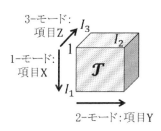

**図 4・4・1　3 項目を持つ高階テンソルデータのイメージ**

まず，MPCA を適用する場合，前処理として，与えられたデータに標準化を施す．いま，図 4・4・1 の 3 階テンソル $\mathcal{T}$ の $(i_1, i_2, i_3)$ 要素を $t_{i_1 i_2 i_3}$，前処理後の 3 階テンソルを $\mathcal{A}$，その $(i_1, i_2, i_3)$ 要素を $a_{i_1 i_2 i_3}$ と表し，次式により標準化を行う．

$$a_{i_1 i_2 i_3} = \frac{t_{i_1 i_2 i_3} - \bar{t}_{i_1 i_2}}{s_{i_1 i_2}}$$

$(i_1 = 1, 2, \cdots, I_1;\ i_2 = 1, 2, \cdots, I_2;\ i_3 = 1, 2, \cdots, I_3)$ 　　（4・4・1）

もし，上式の $s_{i_1 i_2}$ が 0 となるテンソルデータである場合は，上式において，$a_{i_1 i_2 i_3} = t_{i_1 i_2 i_3} - \bar{t}_{i_1 i_2}$ として中心化のみを行う．ここで，式 (4・4・1) の $\bar{t}_{i_1 i_2}$ および $s_{i_1 i_2}$ は平均および標準偏差を表し，次式で計算する．

$$\bar{t}_{i_1 i_2} = \frac{1}{I_3} \sum_{i_3=1}^{I_3} t_{i_1 i_2 i_3},\quad s_{i_1 i_2} = \sqrt{\frac{1}{I_3} \sum_{i_3=1}^{I_3} (t_{i_1 i_2 i_3} - \bar{t}_{i_1 i_2})^2}$$

$(i_1 = 1, 2, \cdots, I_1;\ i_2 = 1, 2, \cdots, I_2)$ 　　（4・4・2）

この前処理により，項目 X と項目 Y の変量の任意の組み合わせに対して，項目 Z の奥行き方向のベクトルデータが標準化される．

次に，式(4・4・1)および式(4・4・2)により標準化された3階テンソル$\mathcal{A}$のHOSVDを計算する．このテンソル$\mathcal{A}$は，次のように分解される．

$$\mathcal{A} = \mathcal{S} \times_1 U^{(項目X)} \times_2 U^{(項目Y)} \times_3 U^{(項目Z)} \quad (4・4・3)$$

上式が示す分解のイメージを図4・4・2にまとめた．この図における行列$U^{(項目X)}$は，HOSVDから得られたサイズ$I_1 \times I_1$の直交行列を表している．この行列には1-モードの項目Xに関する主成分が格納される．この第$x$列ベクトルには，図に示すように項目Xの要素（すなわち項目Xの変量）に対応した主成分係数が格納されているので，それらの係数の符号および大小関係などを調べることで，この主成分がどのような特徴を持っているのかの考察が可能となる．

同様に，行列$U^{(項目Y)}$および$U^{(項目Z)}$には，2-モードおよび3-モードの主成分がそれぞれ格納されており，それらの第$y$列および第$z$列が第$y$主成分および第$z$主成分にそれぞれ対応している．

また，ある項目$n$についての第$k$主成分の寄与率$c_k^{(n)}$は，次式で計算できる．

$$c_k^{(n)} = \frac{\sigma_k^{(n)2}}{\sum_{j=1}^{I_n} \sigma_j^{(n)2}} \quad (4・4・4)$$

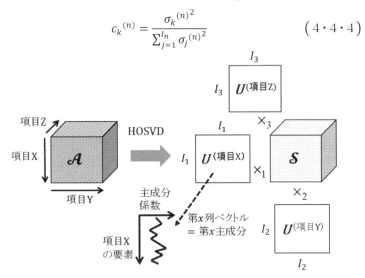

図4・4・2　式(4・4・3)のテンソルの分解のイメージ

ここで，$\sigma_j^{(n)}$は，$n$-モード行列展開$\boldsymbol{A}_{(n)}$の SVD から得られる特異値の行列$\boldsymbol{\Sigma}_{(n)}$の対角成分であり，次式で与えられる．

$$\boldsymbol{A}_{(n)} = \boldsymbol{U}^{(n)}\boldsymbol{\Sigma}_{(n)}\boldsymbol{V}^{(n)T}, \ \boldsymbol{\Sigma}_{(n)} = \begin{bmatrix} \sigma_1^{(n)} & 0 & \cdots & 0 \\ 0 & \sigma_2^{(n)} & 0 & \vdots \\ \vdots & 0 & \ddots & 0 \\ 0 & \cdots & 0 & \sigma_{I_n}^{(n)} \end{bmatrix} \quad (4 \cdot 4 \cdot 5)$$

なお，項目 X，Y，Z の各第$k$主成分の寄与率は，式(4・4・4)および式(4・4・5)において，それぞれ$n = 1, 2, 3$として求めることができる．

### 4・4・2　主成分得点の計算

前項では，3 階テンソルデータの主成分および寄与率を計算する方法について述べた．ここでは，3 階テンソルデータの特定の項目（モード）に関する主成分得点を計算する手法について説明する．具体的には，図4・4・2における1-モードの項目 X と 2-モードの項目 Y の 2 つの主成分，すなわち，行列$\boldsymbol{U}^{(項目X)}$と$\boldsymbol{U}^{(項目Y)}$を利用して，項目 Z の各個体の主成分得点を計算する場合について考える．

いま，図4・4・1の3階テンソル$\boldsymbol{\mathcal{T}}$を前処理して得られた3階テンソル$\boldsymbol{\mathcal{A}}$は，項目 X と項目 Y からなる行列データを手前から奥に積み重ねて構成されたものと考えることができる．このことから，テンソル$\boldsymbol{\mathcal{A}}$において，項目 X と項目 Y の$i_3$枚目の行列データを$\boldsymbol{A}_{i_3}$と表現すると，テンソル$\boldsymbol{\mathcal{A}}$は次式のように表現される．

$$\boldsymbol{\mathcal{A}} = [\boldsymbol{A}_1 \boldsymbol{A}_2 \cdots \boldsymbol{A}_{I_3}] = [\boldsymbol{A}_{i_3}], (i_3 = 1, 2, \cdots, I_3) \quad (4 \cdot 4 \cdot 6)$$

式(4・4・3)の HOSVD から得られた行列$\boldsymbol{U}^{(項目X)}$と$\boldsymbol{U}^{(項目Y)}$は，式(4・4・6)の3階テンソルに関していえば，それぞれ，複数の行列$\boldsymbol{A}_{i_3}, (i_3 = 1, 2, \cdots, I_3)$についての項目 X と項目 Y の主成分を表している．したがって，項目 Z の$i_3$番目の個体に対する主成分得点は，2 つの主成分行列$\boldsymbol{U}^{(項目X)}$と$\boldsymbol{U}^{(項目Y)}$により，行列データ$\boldsymbol{A}_{i_3}$を次式のように射影（projection）して求めることができる．

$$\boldsymbol{B}_{i_3} = \boldsymbol{U}^{(項目X)^T} \boldsymbol{A}_{i_3} \boldsymbol{U}^{(項目Y)} \qquad (4・4・7)$$

さらに，上式の$\boldsymbol{B}_{i_3}$をすべての個体$i_3 = 1, 2, \cdots, I_3$について積み重ねると，主成分得点の3階テンソル$\boldsymbol{\mathcal{B}}$が得られる．

ここで，式(4・4・7)の行列$\boldsymbol{B}_{i_3}$の$(x, y)$要素には，項目 X の第$x$主成分（$\boldsymbol{U}^{(項目X)}$の第$x$列ベクトル）$\boldsymbol{u}_x^{(項目X)}$と項目 Y の第$y$主成分（$\boldsymbol{U}^{(項目Y)}$の第$y$列ベクトル）$\boldsymbol{u}_y^{(項目Y)}$とを組み合わせた主成分得点（スカラー値）が格納されており，$\boldsymbol{B}_{i_3}$の$(x, y)$要素は3階テンソル$\boldsymbol{\mathcal{B}}$の$(x, y, i_3)$要素に対応するので，その要素を$b_{xyi_3}$とすると次式で表される．

$$b_{xyi_3} = \boldsymbol{u}_x^{(項目X)^T} \boldsymbol{A}_{i_3} \boldsymbol{u}_y^{(項目Y)} \qquad (4・4・8)$$

すなわち，ここで，項目 X の第$x$主成分と項目 Y の第$y$主成分とを組み合わせた主成分を$(x, y)$主成分と呼ぶことにすると，式(4・4・8)より，項目 Z の$i_3$番目の個体に対する$(x, y)$主成分の得点が 3 階テンソル$\boldsymbol{\mathcal{B}}$の要素$b_{xyi_3}$に格納されているといえる．したがって，項目 Z の各個体について，任意の$(x, y)$主成分得点が求めたい場合は，3 階テンソル$\boldsymbol{\mathcal{B}}$内の奥行き方向のベクトルで表される部分テンソル$b_{xyi_3}, (i_3 = 1, 2, \cdots, I_3)$を取り出せばよい．以上のまとめとして，図4・4・3に主成分得点の計算のイメージを示す．

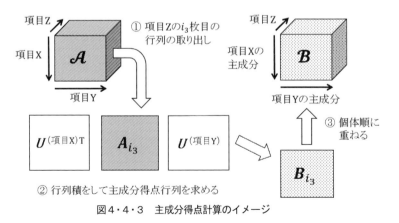

図4・4・3　主成分得点計算のイメージ

### 4・4・3 MPCAの適用例

ここでは，Rのデータセットのiris（第4・2・5項参照）にMPCAを適用する．irisはサイズ150×5の行列であるが，このデータの種（Species）以外の変量を利用して，図4・4・4に示すようなサイズ$2 \times 2 \times 150$の3階テンソル$\mathcal{A}$を構成する．その各モードについては，1-モードが，萼（がく）片（Sepal）と花弁（Petal）の花のパーツを，2-モードが長さ（Length）と幅（Width）の花のサイズを，3-モードがサンプル番号をそれぞれ表し，1～50番がsetosa，51～100番がversicolor，101～150番がvirginicaに対応している（既述）．

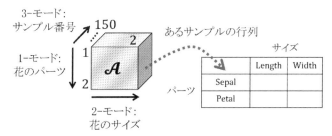

**図4・4・4** irisから構成した3階テンソルデータの構造

【ステップ1】前処理と3階テンソルデータの構成

irisのデータセットから，図4・4・4の構造を持つ3階テンソルデータを次のようにして構成する．

 data(iris)  # irisのデータセットを利用

 A← array( 0, dim = c( 2, 2, 150 ) )  # データ格納用テンソルの作成

 A[ 1, 1, ]←scale( iris[ , 1 ] )  # Sepal.Length を標準化してAに代入

 A[ 1, 2, ]←scale( iris[ , 2 ] )  # Sepal.Width を標準化してAに代入

 A[ 2, 1, ]←scale( iris[ , 3 ] )  # Petal.Length を標準化してAに代入

 A[ 2, 2, ]←scale( iris[ , 4 ] )  # Petal.Width を標準化してAに代入

このスクリプトでは，花のパーツと花のサイズの組み合わせの各変量に対して，3-モードのサンプルデータの平均が0，分散が1となるように関数scaleを利用

して標準化を行っている.

【ステップ2】主成分と寄与率の計算

ステップ1で構成されたデータ$A$に,式(4・4・3)で与えられるHOSVDを適用する.すなわち,データ$A$の各モード行列展開にSVDを施す.SVDの結果の左特異行列から各モードの主成分が,特異値(ベクトルとして求められる)から式(4・4・4)および式(4・4・5)で与えられる各モードにおける主成分の寄与率が得られる.このステップのRのスクリプトは次のようになる.

library(rTensor)

A ← as.tensor( A )

A1 ← unfold( A, 1, c( 3, 2 ) )　　# 1-モード行列展開

U1 ← svd( A1@data )$u　　# A1 の左特異行列を取得

D1 ← svd( A1@data )$d　　# A1 の特異値ベクトルを取得

C1 ← (D1^2) /sum(D1^2)*100　　# 1-モードの主成分の寄与率

A2 ← unfold( A, 2, c( 1, 3 ) )　　# 2-モード行列展開

U2 ← svd( A2@data )$u　　# A2 の左特異行列を取得

D2 ← svd( A2@data )$d　　# A2 の特異値ベクトルを取得

C2 ← (D2^2)/sum(D2^2)*100　　# 2-モードの主成分の寄与率

これらのスクリプトを実行した結果の 1-モードおよび 2-モードの主成分$U1$,$U2$とそれぞれの寄与率$C1$,$C2$の計算結果を表4・4・1に示す.この表より,1-モードの第1主成分は,符号と係数の大きさが同じ値であることから,花の

表4・4・1　主成分の計算結果

(a) 花のパーツ (1-モード)

| 花のパーツ | 主成分係数 | |
|---|---|---|
| | 第1主成分 | 第2主成分 |
| Sepal | −0.707 | −0.707 |
| Petal | −0.707 | 0.707 |
| 寄与率(%) | 62.6 | 37.4 |

(b) 花のサイズ (2-モード)

| 花のサイズ | 主成分係数 | |
|---|---|---|
| | 第1主成分 | 第2主成分 |
| Length | −0.707 | −0.707 |
| Width | −0.707 | 0.707 |
| 寄与率(%) | 71.1 | 28.9 |

パーツの総合的な指標を表し，第 2 主成分は符号が逆で大きさが同じ値であることから，萼片と花弁の違いを示す指標と考えられる．同様にして，2-モードの第 1 主成分は花のサイズの総合的な指標を表し，第 2 主成分は花の長さと幅の違いを示す指標と考えられる．

【ステップ 3】主成分得点の計算

ここでは，ステップ 2 で得られた主成分 $U1$，$U2$ を利用して，式（4・4・7）の計算について図 4・4・3 に示す流れで繰り返し，主成分得点の 3 階テンソルを計算する．このステップの R のスクリプトを次に示す．

```
# 主成分得点用テンソルの作成
B ← as.tensor( array( 0, dim = c( 2, 2, 150 ) ) )
# 主成分得点の計算
for( k in 1:150 ) B[,,k]@data ← t(U1) %*% A[,,k]@data %*% U2
# 以下主成分得点の散布図行列の作成
P ← array( 0, dim = c( 150, 4 ) )
P[,1] ← B[1,1,]@data      # (1,1)主成分得点の取得
P[,2] ← B[1,2,]@data      # (1,2)主成分得点の取得
P[,3] ← B[2,1,]@data      # (2,1)主成分得点の取得
P[,4] ← B[2,2,]@data      # (2,2)主成分得点の取得
df ← as.data.frame(P)     # データフレームへ変換
colnames(df) ← c( "PC (1,1)", "PC (1,2)", "PC (2,1)", "PC (2,2)" )
label ← as.numeric( iris[,5] )    # ラベルの設定
plot( df, col = label, pch = label, main="アヤメの種類の MPCA（○：setosa,
      △：versicolor, ＋：virginica）" )    # 主成分得点の散布図行列の表示
```

ここで，各主成分が示す意味について考えてみると，(1,1)主成分は，花のパーツ（1-モード）と花のサイズ（2-モード）の各第 1 主成分を組み合わせた主成分であり，ステップ 2 における各モードの主成分の考察から，これは花の大

きさを表す指標と考えられる．同様にして，(1,2)主成分は，花のパーツの長さと幅の違いを示す指標，(2,1)主成分は，萼片と花弁のサイズの違いを示す指標，(2,2)主成分は，萼片の長さと花弁の幅，萼片の幅と花弁の長さとの違いを示す指標と考えられる．

さらに詳しく各主成分得点が示す傾向を考えるために，表4・4・2に，各主成分の係数の符号の関係を示す．この場合，任意の主成分の係数は表に示すような2次元的な並びとなる．たとえば，(1,1)主成分では，表4・4・1に示す各第1主成分の符号の組み合わせから表4・4・2(a)の符号の並びとなり，花のパーツと花のサイズの符号の組み合わせにおいてすべての係数が正となる．このことは，(1,1)主成分得点が高くなるほど，花が大きくなることを示している．この得点と同様に考察した各主成分得点の傾向について次にまとめる．

(1,2)主成分得点：花の大きさに占める花のパーツ（萼片と花弁）の長さの割合が高いほど主成分得点が高くなり，逆に，花の大きさに占める花のパーツの幅の割合が高いほど主成分得点が低くなる．

(2,1)主成分得点：花の大きさに占める萼片のサイズ（長さと幅）の割合が高いほど主成分得点が高くなり，逆に，花の大きさに占める花弁のサイズの割合が高いほど主成分得点が低くなる．

(2,2)主成分得点：花の大きさに占める萼片の長さと花弁の幅の割合が高いほ

表4・4・2　主成分係数の符号の関係

(a) (1,1)主成分

|  | Length (−) | Width (−) |
|---|---|---|
| Sepal (−) | + | + |
| Petal (−) | + | + |

(b) (1,2)主成分

|  | Length (−) | Width (−) |
|---|---|---|
| Sepal (−) | + | − |
| Petal (−) | + | − |

(c) (2,1)主成分

|  | Length (−) | Width (−) |
|---|---|---|
| Sepal (−) | + | + |
| Petal (−) | − | − |

(d) (2,2)主成分

|  | Length (−) | Width (−) |
|---|---|---|
| Sepal (−) | + | − |
| Petal (−) | − | + |

ど主成分得点が高くなり,逆に,花の大きさに占める萼片の幅と花弁の長さの割合が高いほど主成分得点が低くなる.

図4・4・5は,計算された4つの主成分得点のすべての組み合わせについての相関を表す散布図の行列であり,図中の対角にあるPC$(x,y)$は軸名を表し,$(x,y)$主成分得点を表す.また,○印はsetosa,△印はversicolor,+印はvirginicaの各サンプルの得点を表している.

この図で,横軸をPC(1,1)に,縦軸をPC(2,1)に取った3行1列目の散布図に注目する.まず,PC(1,1)の軸から各サンプルを眺めてみると,この軸は花の大

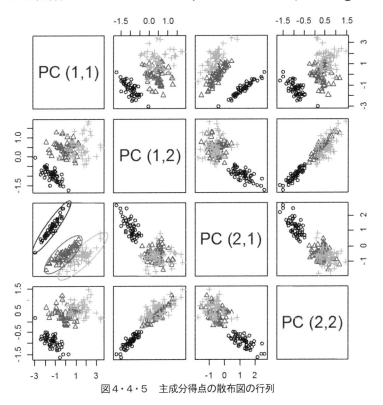

図4・4・5　主成分得点の散布図の行列

きさを表しており，実際に各品種のPC(1,1)の平均値を計算してみると，setosaが-1.36，versicolorが-0.05，virginicaが1.40であり，この順序で花が大きくなる傾向にあることがグラフからもわかる．

また，PC(2,1)の軸から各サンプルを見てみると，この軸は萼片と花弁のサイズの違いを表すが，各データがばらついており，各品種のPC(2,1)の平均値を求めてみると，setosaが1.20，versicolorが-0.50，virginicaが-0.70であった．このことから，setosaは花の大きさに占める萼片のサイズの割合が高い花であることが，versicolorとvirginicaについては花弁のサイズの割合が高い花であることがわかり，PC(2,1)の平均値からは，virginicaの方が若干花弁のサイズの割合が高い花であることがわかる．

さらに，この3行1列目の散布図では，アヤメのそれぞれの品種がクラスターを形成している（ただし，クラスターを表す楕円は，Rで描いた図上に記入したものである）．このようにMPCAから得られた(1,1)主成分と(2,1)主成分を利用することにより品種の分類に活用できることがわかる．また，この図と第4・2・5項の図4・2・8に示すPCAから得られたクラスターとを比較すると，MPCAから得られたクラスターの方がより分かれ方がよく，この散布図行列の他の散布図のいずれからもsetosaとそれ以外の品種を分離できることがわかる．

以上，本章では多次元データの分析手法として高次特異値分解（HOSVD）と，それを利用した多次元主成分分析（MPCA）について述べた．冒頭で述べたように，これらの理論は難解と感じられるかもしれない．しかし，多次元データを扱う際には，アプリケーションを利用するにしても，内容を理解しておくに越したことはないので，できれば参考文献（7），(11)，(12)も参照して理解していただきたいと願う．

# 参考文献

　本書を執筆する上で参考にし，あるいは参照した文献を挙げる．本書で取り上げた内容は，統計や多次元データ処理の応用的なものであり，詳述するには紙数の関係で無理のあるものや，かえって読者の理解に混乱を生じさせるおそれのあるものなども散見された．それらに関しては，本書で大まかな考え方や使い方を理解してもらい，詳しくは文献を参照して，深く学んでいただきたい．インターネット上には多くの有益な情報があり，それらは多くの読者が容易に入手可能であるから，参考文献としてはできるだけインターネット上に公開してあるものを挙げるようにした．それらは，本書で記した内容の根拠となる記載や，前述のように，より詳細な記述であるので，ぜひ当たってみていただきたい（もし期限切れ等で表示されない場合には，他のサイトを探してほしい）．英語の文献については，日本語の文献が見当たらないか，あるいは数少ないもの，外国文献の方が内容的に詳しいものなどが挙げてあるので参考にされたい．筆者らも，これらの文献から多くの教示を受けた．ここに記して感謝したい．

## 第1章　多次元データとは

（1）岡田昌史：『RjpWiki』から『Rで大規模データを処理する』http://www.okadajp.org/RWiki/?Rで大規模データを処理する

（2）松尾響・佐藤元彦・小泉真也：『数学科教育の理解を高めるための数値解析ソフトウェアの適切な活用』稚内北星学園大学紀要　Vol. 14, pp. 31-40, 2014

（3）D. E. Dudgeon・R. M. Mersereau：『Multidimensional Digital Signal Processing』Prentice-Hall, Inc, Englewood Cliffs, New Jersey, 1984

（4）たとえば，鄧天波：『多次元多項式による多次元データの最小自乗近似法』電子情報通信学会技術研究報告　DSP 95-417, pp. 7-12, 1995

（5）A. Smild・R. Bro・P. Geladi：『Multi-way Analysis : applications in the chemical sciences』Chap. 1, John Wiley & Sons, West Sussex, England, 2004
（6）G. Dijksterhuis：『Procrustes analysis in sensory research』in Multivariate Analysis of Data in Sensory Science, T. Næs, E. Risvik, Eds., Elsevier Science, Amsterdam, pp. 185-219, 1996
（7）犬飼幸男：『感覚計測とデータ処理(2)―多次元データの計測と処理―』繊維製品消費科学 Vol. 29, No. 7, pp. 270-275, 1988
（8）L. D. Lathauwer・B. D. Moor・J. Vandewalle：『A multilinear singular value decomposition』SIAM Journal on Matrix Analysis and Applications, Vol. 21, No. 4, pp. 1253-1278, 2000
（9）坂田年男・角俊雄・宮崎充弘・前原貴憲：『テンソルの階数問題について（計算代数的視点から）』日本統計学会誌 Vol. 44, No. 2, pp. 409-450, 2015
（10）井上光平・浦浜喜一：『行列データの主成分分析MPCAの近似解法』電子情報通信学会技術研究報告 PRMU2004-145, pp. 67-70, 2004

## 第2章 仮説検定

（1）国土交通省観光庁：『宿泊旅行統計調査（統計情報・白書）』http://www.mlit.go.jp/kankocho/siryou/toukei/shukuhakutoukei.html
（2）P. Mitic：『Critical values for the Wilcoxon signed rank statistic』The Mathematica Journal, Vol. 6, No. 3, pp. 73-77, 1996
（3）柴田義貞：『正規分布―特性と応用』東京大学出版会 pp.63-65,1981
（4）たとえば，勝野恵子・井川俊彦：『Excelによるメディカル／コ・メディカル 統計入門』共立出版 p.97,2003
（5）『Hydroxylation Exmple: One Sample Wilcoxon Signed-Rank Test』https://www.math.utah.edu/~treiberg/M3082HydroxylationEg.pdf
（6）『ウィルコクソンの符号順位検定（「マルチメディア統計百科事典」から）』https://upo-net.ouj.ac.jp/tokei/xml/kw9_03003.xml
（7）舟尾暢男：『R-Tips 統計解析フリーソフトRの備忘録頁 ver.3.1』第27節 http://cse.naro.affrc.go.jp/takezawa/r-tips/r/27.html
（8）高木英行：『使える！統計検定・機械学習―Ⅰ（2群間の有意差検定）』システム制御情報学会誌 Vol.58,No.8,pp.345-351,2014

（9） H. B. Mann・D. R. Whitney :『On a test of whether one of two random variables is stochastically larger than the other』The Annals Mathematical Statistics, Vol.18, No.1, pp.50-60, 1947

（10） 青木繁伸 :『U統計量の分布（「統計学に関する話」から）』http://aoki2.si.gunma-u.ac.jp/Hanasi/Algo/u-statistics1.html

（11） 青木繁伸 :『二群の代表値の検定（マン・ホイットニーのU検定）（「統計学自習ノートから」）』http://aoki2.si.gunma-u.ac.jp/lecture/Average/U-test.html

（12） 粕谷英一 :『Mann-WhitneyのU検定と不等分散（「馬車馬のように」から）』http://qdai.way-nifty.com/qjes/2005/02/mannwhitneyu.html

（13） 『マイナーだけど最強の統計的検定 Bruner-Munzel検定（「ほくそ笑む」から）』http://d.hatena.ne.jp/hoxo_m/20150217/p1

（14） 奥村晴彦 :『Brunner-Munzel検定（「統計・データ解析」から）』http://oku.edu.mie-u.ac.jp/~okumura/stat/brunner-munzel.html

（15） J. Reiczigel・I. Zakarias・L. Rozsa :『A bootstrap test of stochastic equality of two populations』The American Statistician,Vol.59, No.2,pp.1-6,2005

（16） F. Konietschke・M. Placzek・F. Schaarschmidt・L.A. Hothorn :『nparcomp: An R software package for nonparametric multiple comparisons and simultaneous confidence intervals』Journal of Statistical Software, Vol.64, No.9, pp.1-17, 2015

（17） 『Rプログラミング～パッケージ（「biostatistics」から）』http://stat.biopapyrus.net/r/package-function.html

（18） 井口豊 :『Kruskal-Wallis漸近検定と正確検定：医学論文を例にして（「Yahoo知恵袋」から）』http://note.chiebukuro.yahoo.co.jp/detail/n377566

（19） 青木繁伸 :『クラスカル・ウォリス検定（「統計学自習ノート」から）』http://aoki2.si.gunma-u.ac.jp/lecture/Average/kwtest.html

（20） 名取真人 :『カイ二乗近似によるクラスカル・ウォリス検定と小標本』霊長類研究 Vol.30, No.2, pp.209-215,2014

（21） P. Meyer・M. A. Seaman :『Expanded Kruskal-Wallis Tables: Three Groups』http://faculty.virginia.edu/kruskal-wallis/table/KW-expanded-tables-3groups.pdf, 2008

（22） J. I. Odiase・S. M. Ogbonmwan :『Exact permutation critical values for the Kruscal-Wallis one-way ANOVA』Journal of Modern Applied Statistical Methods, Vol. 4, No. 2, pp. 609-

620, 2005
(23) 『Package'NSM3'（「CRAN (The Comprehensive R Archive Network)」から）』p.17, https://cran.r-project.org/web/packages/NSM3/NSM3.pdf
(24) J. Derrac・S. García・D. Molina・F. Herrera：『A practical tutorial on the use of nonparametric statistical tests as a methodology for comparing evolutionary and swarm intelligence algorithms』Swarm Evolutionary Computation, Vol. 1, No. 1, pp. 3–18, 2011
(25) D. J. Sheskin：『Handbook of Parametric and Nonparametric Statistical Procedures, 2nd ed』Test 25, Chapman & Hall/CRC, 2000
(26) J. Demšar：『Statistical comparisons of classifiers over multiple data sets』Journal of Machine Learning Research, Vol. 7, pp. 1-30, 2006
(27) M. V. Wickerhauser：『Kendall's W（「Math 322 Biostatistics Winter-Spring, 2016」から）』http://www.math.wustl.edu/~victor/classes/ma322/r-eg-17.txt
(28) S. Garcia・A. Fernandez・J. Luengo・F. Herrera：『Advanced nonparametric tests for multiple comparisons in the design of experiments in computational intelligence and data mining: Experimental analysis of power』Information Sciences, Vol. 180, pp. 2044-2064, 2010
(29) 『Package 'scmamp'（「CRAN」から）』p. 17, https://cran.r-project.org/web/packages/scmamp/scmamp.pdf
(30) 林智幸：『順序尺度データにおける多様な多重比較法』広島大学大学院教育学研究科紀要　第三部　Vol. 54, pp. 197-203, 2005
(31) 矢谷浩司：『Kruskal-Wallis and Friedman test（「Statistical Methods for HCI Research」から）』http://yatani.jp/teaching/doku.php?id=hcistats:kruskalwallis
(32) Seminar for Statistics（Department of Mathematics, ETH Zürich）：『Adjust P-values for Multiple Comparisons（「Statistical Data Analysis」から）』https://stat.ethz.ch/R-manual/R-devel/library/stats/html/p.adjust.html
(33) 対馬栄輝：『統計的検定資料① 多重比較法』http://www.hs.hirosaki-u.ac.jp/~pteiki/research/stat/multi.pdf
(34) 大阪大学大学院医学系研究科 老年・腎臓内科学 腎臓内科：『多重比較（山本陵平）（「Clinical Journal Club」から）』http://www.med.osaka-u.ac.jp/pub/kid/

clinicaljournalclub1.html
(35) 水本篤ほか:『Rを使った分析（ノンパラメトリック検定）（「外国語教育研究ハンドブック」から）』http://mizumot.com/handbook/?page_id=422
(36) S. Holm:『A simple sequentially rejective multiple test procedure』Scandinavian Journal of Statistics, Vol. 6, pp. 65-70, 1979
(37) 『Package 'PMCMR'（「CRAN」から）』phttps://cran.r-project.org/web/packages/PMCMR/PMCMR.pdf
(38) T. Pohlert:『The pairwise multiple comparison of mean ranks package (PMCMR)』https://cran.r-project.org/web/packages/PMCMR/vignettes/PMCMR.pdf
(39) 『Studentization（「WIKIPEDIA (The Free Encyclopedia)」から）』https://en.wikipedia.org/wiki/Studentization
(40) M. Gardener:『Using R for statistical analyses – Non-parametric stats（「Gardeners Own」から）』http://www.gardenersown.co.uk/education/lectures/r/nonparam.htm
(41) J. Cohen:『A power primer.』Psychological Bulletin, Vol.112, No.1, pp.155-159, 1992
(42) 杉澤武俊:『教育心理学研究における統計的検定の検定力』教育心理学研究　Vol.47, No.2, pp.150-159, 1999
(43) 大久保街亜, 岡田謙介:『伝えるための心理統計: 効果量・信頼区間・検定力』第3章，第5章　勁草書房　2012
(44) 豊田秀樹:『検定力分析入門－Rで学ぶ最新データ解析－』第1章，第2章　東京図書　2009
(45) 葛西俊治:『検定力分析のすすめ』から「検定力入門－検定力を図で見る」http://www.relak.net/psy/power/index.htm
(46) 水本篤・竹内理:『研究論文における効果量の報告のために―基礎的概念と注意点―』関西英語教育学会紀要　Vol.31, pp57-66, 2008

## 第3章　分散分析

（1）福森貢（監修）・堀内美由紀（編集）:『看護・医療系データ分析のための基本統計ハンドブック』第5章　ピラールプレス　2010
（2）竹内啓:『数理統計学』第26章　東洋経済新聞社　1963
（3）田中秀幸:『データ評価のための統計的方法―分散分析の利用1―』ぶんせき

Vol. 424, pp. 168-174, 2010
（4） 新城明久：『［新版］生物統計学入門』第5章（交互作用については第6章を参照）朝倉書店　1996
（5） 小山なつ：『私のための統計処理』から「多群比較のためのANOVA」http://www.shiga-med.ac.jp/~koyama/stat/s-index.html
（6） 新井順一：『医療統計学』（茨城県立こども病院）から「分散分析」，http://www.ibaraki-kodomo.com/toukei/tokei.html
（7） 青木繁伸：『統計学自習ノート』から「二元配置分散分析」http://aoki2.si.gunma-u.ac.jp/lecture/TwoWayANOVA/
（8） 経済産業省資源エネルギー庁：『エネルギー白書2010（HTML版）』から「主要先進国等における再生可能エネルギーの導入動向」http://www.enecho.meti.go.jp/about/whitepaper/2010html/1-2-3.html
（9） 金明哲：『フリーソフトによるデータ解析・マイニング』から「第12回 Rと分散分析」https://www1.doshisha.ac.jp/~mjin/R/12.html
（10） 杉本典夫：『我楽多頓陳館』から「統計学入門」第4章　http://www.snap-tck.com/room04/c01/stat/stat04/stat0401.html
（11） 国土交通省：『土地総合ライブラリー』から「都道府県地価調査（対前年平均変動率）」http://tochi.mlit.go.jp/kakaku/chika-chousa
（12） 山田剛史，杉澤武俊，村井潤一郎：『Rによるやさしい統計学』第7章　オーム社 2008
（13） R. I. Kabacoff：『Quick-R』から「ANOVA」http://www.statmethods.net/stats/anova.html
（14） 平真木夫：『簡単だけれどもとっても重要な統計学の話』から「実験を組むということ」http://staff.miyakyo-u.ac.jp/~m-taira/Lecture/simple-but-important.html
（15） 『ウィキペディア』から「実験計画法」https://ja.wikipedia.org/wiki/実験計画法
（16） 小笠原昭彦：『桑名発達臨床研究室』から「t検定，1元配置分散分析，2元配置分散分析の関連と使い分けについて」http://ogasun.la.coocan.jp/t-test&ANOVA.pdf
（17） 小杉考司：『分散分析の計算手順についてのノート』から「分散分析アルゴリズム―心理学統計法資料」http://kosugitti.sakura.ne.jp/wp/wp-content/uploads/2013/08/anovaful.pdf

## 参考文献

(18) G. Keppel・T. D. Wickens：『Design and Analysis：A Researcher's Handbook』 Chapter 16, Pearson Education, Upper Saddle River, New Jersey, 2004

(19) 奥野忠一・芳賀敏郎：『実験計画法』第6章　培風館　1969（第3・2・3項の脚注で触れた実験計画法に関しても参照されたい.）

(20) たとえば、『高校数学の基本問題』から「統計〜繰り返しのある対応のない二元配置の分散分析」http://www.geisya.or.jp/~mwm48961/statistics/anova_quest2.htm

(21) 田口玄一：『統計解析』第8章「三元配置法」丸善　1972（統計数理研究所『統計科学のための電子図書システム』http://ebsa.ism.ac.jp/ebooks/sites/default/files/ebook/886/pdf/ch08.pdf ）

(22) 総務省統計局：『個人企業経済調査』から「調査結果 個人企業経済調査（動向編）」 http://www.stat.go.jp/data/kojinke/

(23) 小木哲朗：『実験計画法』から「多元配列」
http://lab.sdm.keio.ac.jp/ogi/shibaura/ed9-1206.pdf

(24) O. J. Dunn（中村慶一訳）：『応用統計学—分散分析と回帰分析』第26章　森北出版　1974

(25) 平井明代：『英語教育学Ⅶ』から「5.4　3元配置分散分析」http://www.u.tsukuba.ac.jp/~hirai.akiyo.ft/forstudents/eigokyouikugaku7.files/2013_6_10.pdf

(26) 小塩真司：『心理データ解析 Basic』から「4. 相違を見る(2)」http://www.f.waseda.jp/oshio.at/edu/data_b/top.html

(27) R. Cardinal：『Statistics matherials〜Local tips for R』から「7. Analysis of variance (ANOVA)」https://egret.psychol.cam.ac.uk/statistics/R/anova.html

(28) 和田恒之：『札幌臨床技師会 統計学セミナー』から「第3回 3群以上の平均値の比較」http://www.saturingi.gr.jp/seminar/statistical/vol3.pdf

(29) 青木繁伸：『統計学自習ノート』から「平均値の多重比較〜対比較（テューキーの方法）」http://aoki2.si.gunma-u.ac.jp/lecture/Average/Tukey1.html

(30) 対馬栄輝：『統計的検定資料(1) 多重比較法』, http://www.hs.hirosaki-u.ac.jp/~pteiki/research/stat/multi.pdf

(31) 千野直仁：『反復測定（測度）分散分析／基礎と応用』から「多重比較とその検

定」http://www.aichi-gakuin.ac.jp/~chino/anova/chapter1/sec1-3-2.html
(32) たとえば，柳川堯・荒木由布子：『バイオ統計の基礎—医薬統計入門—』第5章 近代科学社 2010
(33) 林智幸・新見直子：『厳格化の観点からの多重比較法の整理』広島大学大学院教育学研究科紀要 第三部 Vol. 54, pp. 189-196, 2005
(34) 高村真広・国里愛彦・徳永智子・蔵永瞳・深瀬裕子・宮谷真人：『Rによる一要因分析と多重比較』広島大学心理学研究 Vol. 8, pp. 177-190, 2008
(35) 平井明代：『英語教育学Ⅶ』から「5.1　2元配置分散分析」http://www.u.tsukuba.ac.jp/~hirai.akiyo.ft/forstudents/eigokyouikugaku7.files/2013_5_28.pdf（分散分析の流れ図も参考になる）
(36) 『Memorandums　知覚・認知心理学の研究と教育をめぐる凡庸な日々の覚書』から「Rによる心理統計再入門10：分散分析　単純主効果の検定」http://blog.goo.ne.jp/hideunuma/e/2c9812afec6a442608fdde22a9e60a14

その他参考にしたURLを示す．
・大垣俊一：『分散分析と海岸生態学(1)』Argonatuta（関西海洋生物談話会連絡誌），No.8,pp.27-37,2003
・C. Zaiontz：『Real Statistics Using Excel』から「ANOVA with more than Two Factors」，http://www.real-statistics.com/two-way-anova/anova-more-than-two-factors/
・梶山喜一郎：『コピペで学ぶ　Rでテクニカルデータプレゼンテーション』から「三要因(カテゴリカルデータ)のaovによる分散分析」http://monge.tec.fukuoka-u.ac.jp/r_analysis/0r_analysis.html

## 第4章　主成分分析

（1）小西栄一・深見哲造・遠藤静男：『改訂工科の数学 2　線形代数・ベクトル解析』pp.84-109　培風館　1978
（2）V. Klema・A. Laub：『The singular value decomposition: Its computation and some applications.』IEEE Transactions on Automatic Control, Vol. AC-25, No.2, pp. 164-176, 1980
（3）G. Strang（山口昌哉監訳・井上昭訳）：『線形代数とその応用』第1章，第3章　産

業図書　1978
（4）G. E. Forsythe・M. A. Malcolm・C. B. Moler（森正武訳）:『計算機のための数値計算法』pp.242-252　科学技術出版社　1978
（5）間瀬茂:『R 基本統計関数マニュアル』https://cran.r-project.org/doc/contrib/manuals-jp/Mase-Rstatman.pdf
（6）青木繁伸:『R による統計解析』第 6 章　オーム社　2009
（7）L. D. Lathauwer・B. D. Moor・J. Vandewalle:『A multilinear singular value decomposition』SIAM Journal on Matrix Analysis and Applications, Vol. 21, No. 4, pp. 1253-1278, 2000
（8）J. Li・J. Bien・M. Wells:『Package 'rTensor』https://cran.r-project.org/web/packages/rTensor/rTensor.pdf, 2015
（9）間瀬茂:『RjpWiki』から「S4 クラスとメソッド入門」http://www.okadajp.org/RWiki/
（10）田中豊・脇本和昌:『多変量統計解析法』第 2 章　現代数学社　2004
（11）井上光平・浦浜喜一:『行列データの主成分分析 MPCA の近似解法』電子情報通信学会技術研究報告　PRMU2004-145, pp. 67-70, 2004
（12）K. Inoue・K. Hara・K. Urahama:『Matrix principal component analysis for image compression and recognition』Proceedings of the 1st Joint Workshop on Machine Perception and Robotics (MPR), pp115-120, 2005

# 索　引

## あ 行

一元配置分散分析 ............................ 89
1-モード行列展開 ............................ 223
一致係数 ........................................ 66
一対比較 ........................................ 69

ウィルコクソンの順位和検定 ............... 37
ウィルコクソンの符号順位検定 ............ 24

$n$ 相データ ..................................... 5
$n$-モード積 .............................. 219, 227
MPCA ........................................ 234

## か 行, が 行

下位検定 ..................................... 156
階数 .......................................... 191

棄却限界値 .................................... 24
帰無仮説族 .................................... 69
行間変動 .................................... 100
行列展開 .............................. 219, 223
寄与率 ...................................... 200

クラスカル・ウォリス $H$ 検定 ............... 53
クラメールの $V$ ............................. 82

繰り返しのある一元配置分散分析 ........ 99
群間変動 ...................................... 90
群内変動 ...................................... 90

ケンドールの一致係数 ...................... 66
ケンドールの $W$ ............................. 66

コアテンソル ............................... 230
効果 .......................................... 105
高階テンソル ......................... 5, 219
効果量 ........................................ 81
交互作用 ................................... 105
高次特異値分解 ........................... 219
コーエンの $d$ .............................. 82
誤差変動 ...................................... 90
固有行列 ................................... 197
固有値 ...................................... 183
固有値分解 ................................. 186
固有ベクトル ............................. 183

## さ 行, ざ 行

三元配置分散分析 ......................... 130
3-モード行列展開 ......................... 223

事後比較 ...................................... 68

| | |
|---|---|
| 事前比較 | 68 |
| 従属変数 | 106 |
| 主効果 | 106 |
| 主成分 | 198 |
| 主成分係数 | 199 |
| 主成分得点 | 201 |
| 主成分分析 | 196 |
| 水準 | 89 |
| 水準間変動 | 90 |
| 水準内変動 | 90 |
| ステューデント化された範囲の分布 | 75 |
| 正確確率表 | 57 |
| 正規化 | 187 |
| 相関行列 | 209 |

## た 行，だ 行

| | |
|---|---|
| 第 1 主成分 | 199 |
| 対応がない一元配置分散分析 | 90 |
| 対応のある一元分散分析 | 97 |
| 対角化 | 184 |
| 対角化行列 | 184 |
| 対角行列 | 184 |
| 第 2 主成分 | 199 |
| 対比較 | 69 |
| 多群データ | 6 |
| 多元データ | 5 |
| 多元配置データ | 5 |

| | |
|---|---|
| 多元配置分散分析 | 130 |
| 多次元主成分分析 | 234 |
| 多次元データ | 2, 4 |
| 多次元配列 | 4 |
| 多重比較 | 68 |
| 単純・単純主効果の検定 | 167 |
| 単純交互作用の検定 | 167 |
| 単純主効果の検定 | 156 |
| 中心化 | 197 |
| 直交行列 | 186 |
| テューキー・クレーマー検定 | 75 |
| テューキー検定 | 75 |
| テューキーの HSD 法 | 149 |
| 同順位の補正 | 35 |
| 特異値 | 191 |
| 特異値分解 | 192 |
| 独立変数 | 106 |

## な 行

| | |
|---|---|
| 2 群検定 | 7 |
| 二項検定 | 17 |
| 2-モード行列展開 | 223 |
| ネメニ法 | 75 |
| ノンパラメトリックな手法 | 15 |

## は行, ば行

配列 ..................................................... 2
パラメトリックな手法 ......................... 14
半整数補正 ........................................ 34

被験者間変動 .................................. 122
被験者内変動 .................................. 122
左特異行列 ...................................... 192
左特異ベクトル ............................... 191
標準化 .............................................. 206
標本効果量 ....................................... 81

ファミリーワイズエラー率 ..................... 69
プールした標準偏差 ........................... 82
符号検定 ............................................ 17
フリードマン検定 ............................... 60
ブルンナー・ムンツェル検定 ............... 46
フロベニウスノルム .................... 219, 233
分散共分散行列 ............................... 197
分散分析表 ........................................ 94

変動 ................................................... 90
ホルムの方法 .................................... 69
ボンフェローニの方法 ........................ 69

## ま行

マン・ホイットニーの $U$ 検定 ................ 37

右特異行列 ...................................... 192
右特異ベクトル ............................... 191

モード .............................................. 221

## や行

要因 ................................................... 89

## ら行

累積寄与率 ...................................... 200

列間変動 .......................................... 100
連続性の補正 .................................... 34

## 著 者 略 歴

### 村上 純(むら かみ じゅん)

豊橋技術科学大学大学院修了 博士（工学）
現在国立熊本高等専門学校教授

〔おもな著書〕
① よくわかる電気・電子回路計算の基礎（日本理工出版会, 共著），2012年
② 基礎から応用までのラプラス変換・フーリエ解析（日新出版, 共著），2015年
③ 統計ソフトRによるデータ活用入門（日新出版, 共著），2016年

### 日野 満司(ひ の みつ し)

熊本大学大学院修了 博士（工学）
三菱重工業株式会社，熊本大学を経て現在熊本県立技術短期大学校教授

〔おもな著書〕
① わかりやすい機械工学（森北出版, 共著），1998年
② 振動工学の講義と演習（日新出版, 共著），2000年
③ シーケンス制御を活用したシステムづくり入門（森北出版），2006年
④ MATLABと実験でわかるはじめての自動制御（日刊工業新聞社, 共著），2008年
⑤ 基礎からの自動制御と実装テクニック（技術評論社, 共著），2011年
⑥ 技術系物理基礎（日新出版, 共著），2012年
⑦ 統計ソフトRによるデータ活用入門（日新出版, 共著），2016年

### 山本 直樹(やま もと なお き)

九州工業大学大学院修了 博士（工学）
現在国立熊本高等専門学校准教授

〔おもな著書〕
統計ソフトRによるデータ活用入門（日新出版, 共著），2016年

### 石田 明男(いし だ あき お)

熊本大学大学院修了 博士（理学）
現在国立熊本高等専門学校助教

〔おもな著書〕
統計ソフトRによるデータ活用入門（日新出版, 共著），2016年

統計ソフトRによる **多次元データ処理入門** （実用理工学入門講座）

2017（平成29）年 3 月10日　初版印刷
2017（平成29）年 3 月30日　初版発行

Ⓒ　著者　　村　上　　　純　司
　　　　　　日　野　満　司
　　　　　　山　本　直　樹
　　　　　　石　田　明　男

発行者　　小　川　浩　志

発行所　**日新出版株式会社**
東京都世田谷区深沢 5－2－20
TEL〔03〕(3701) 4112・(3703) 0105
FAX〔03〕(3703) 0106

ISBN978-4-8173-0254-0　　振替 00100-0-6044，郵便番号 158-0081

2017 Printed in Japan　　　　印刷・製本　（株）平河工筆社

日新出版の教科書・参考書

|  |  |  |
|---|---|---|
| わかる自動制御 | 椹木・添田 編著 | 328頁 |
| わかる自動制御演習 | 椹木監修 添田・中溝 共著 | 220頁 |
| 自動制御の講義と演習 | 添田・中溝 共著 | 190頁 |
| システム工学の基礎 | 椹木・添田・中溝 編著 | 246頁 |
| システム工学の講義と演習 | 添田・中溝 共著 | 174頁 |
| システム制御の講義と演習 | 中溝・小林 共著 | 154頁 |
| ディジタル制御の講義と演習 | 中溝・田村・山根・申 共著 | 166頁 |
| シーケンス制御の基礎 | 中溝監修 永田・斉藤 共著 | 90頁 |
| 基礎からの制御工学 | 岡本良夫 著 | 140頁 |
| 振動工学の基礎 | 添田・得丸・中溝・岩井 共著 | 198頁 |
| 振動工学の講義と演習 | 岩井・日野・水本 共著 | 200頁 |
| 新版 機構学入門 | 松田・曽我部・野飼他 著 | 178頁 |
| 機械力学の基礎 | 添田監修 芳村・小西 共著 | 148頁 |
| 機械力学入門 | 棚澤・坂野・田村・西本 共著 | 242頁 |
| 基礎からの機械力学 | 景山・矢口・山崎 共著 | 144頁 |
| 基礎からのメカトロニクス | 岩井・荒木・橋本・岡 共著 | 158頁 |
| 基礎からのロボット工学 | 小松・福田・前田・吉見 共著 | 243頁 |
| よくわかる基礎図形科学 | 櫻井俊明 著 | 122頁 |
| よくわかる機械製図 | 櫻井・野田・八戸 共著 | 92頁 |
| よくわかるコンピュータによる製図 | 櫻井・井原・矢田 共著 | 92頁 |
| 材料力学(改訂版) | 竹内洋一郎 著 | 320頁 |
| 基礎材料力学 | 柳沢・野田・入交・中村他 著 | 184頁 |
| 基礎材料力学演習 | 柳沢・野田・入交・中村他 著 | 186頁 |
| 基礎弾性力学 | 野田・谷川・須良・辻 共著 | 196頁 |
| 基礎塑性力学 | 野田・中村(保) 共著 | 182頁 |
| 基礎計算力学 | 谷川・畑・中西・野田 共著 | 218頁 |
| 要説材料力学 | 野田・谷川・辻・渡邊他 著 | 270頁 |
| 要説材料力学演習 | 野田・谷川・芦田・辻他 著 | 224頁 |
| 基礎入門材料力学 | 中條祐一 著 | 156頁 |
| 新版 機械材料の基礎 | 湯浅栄二 著 | 126頁 |
| 基礎からの材料加工法 | 横田・青山・清水・井上他 著 | 214頁 |
| 新版 基礎からの機械・金属材料 | 斎藤・小林・中川 共著 | 156頁 |
| わかる内燃機関 | 廣安博之 著 | 272頁 |
| わかる熱力学 | 田中・田川・氏家 共著 | 204頁 |
| わかる蒸気工学 | 西川監修 田川・川口 共著 | 308頁 |
| 伝熱工学の基礎 | 望月・村田 共著 | 296頁 |
| 基礎からの伝熱工学 | 佐野・齊藤 共著 | 160頁 |
| ゼロからスタート・熱力学 | 石原・飽本 共著 | 172頁 |
| 工業熱力学入門 | 東之弘 著 | 110頁 |
| わかる自動車工学 | 樋口・長江・小口・渡部他 著 | 206頁 |
| わかる流体の力学 | 山枡・横溝・森田 共著 | 202頁 |
| わかる水力学 | 今市・田口・谷林・本池 共著 | 196頁 |
| 水力学と流体機械 | 八田・田口・加賀 共著 | 208頁 |
| 流体力学の基礎 | 八田・鳥居・田口 共著 | 200頁 |
| 基礎からの流体工学 | 築地・山根・白濱 共著 | 148頁 |
| 基礎からの流れ学 | 江尻英治 著 | 184頁 |
| 学生のための水力学数値計算演習 | 山岸・原田・岡田他 著 | 230頁 |
| わかるアナログ電子回路 | 江間・和田・深井・金谷 共著 | 252頁 |
| わかるディジタル電子回路 | 秋谷・平間・都築・長田他 著 | 200頁 |
| 電子回路の講義と演習 | 杉本・島・谷本 共著 | 250頁 |

## 日新出版の教科書・参考書

|  |  |  |
|---|---|---|
| 要点学習 電子回路 | 太田・加藤 共著 | 124頁 |
| わかる電子物性 | 中澤・江良・野村・矢萩 共著 | 180頁 |
| 基礎からの半導体工学 | 清水・星・池田 共著 | 128頁 |
| 基礎からの半導体デバイス | 和保・澤田・佐々木・北川 他著 | 180頁 |
| 電子デバイス入門 | 室・脇田・阿武 共著 | 140頁 |
| わかる電子計測 | 中根・渡辺・葛谷・山﨑 共著 | 224頁 |
| 要点学習 通信工学 | 太田・小堀 共著 | 134頁 |
| 新版わかる電気回路演習 | 百目鬼・岩尾・瀬戸・江原 共著 | 200頁 |
| わかる電気回路基礎演習 | 光井・伊藤・海老原 共著 | 202頁 |
| 電気回路の講義と演習 | 岩﨑・齋藤・八田・入倉 共著 | 196頁 |
| 英語で学ぶ電気回路 | 永吉・水谷・岡崎・日髙 共著 | 226頁 |
| わかる音響学 | 中村・吉久・深井・谷澤 共著 | 152頁 |
| 音響学入門 | 吉久(信)・谷澤・吉久(光) 共著 | 118頁 |
| 電磁気学の講義と演習 | 湯本・山口・髙橋・吉久 共著 | 216頁 |
| 基礎からの電磁気学 | 中川・中田・佐々木・鈴木 共著 | 126頁 |
| 電磁気学入門 | 中田・松本 共著 | 165頁 |
| 基礎からの電磁波工学 | 伊藤・岩﨑・岡田・長谷川 共著 | 204頁 |
| 基礎からの高電圧工学 | 花岡・石田 共著 | 216頁 |
| わかる情報理論 | 島田・木内・大松 共著 | 190頁 |
| わかる画像工学 | 赤塚・稲村 編著 | 226頁 |
| 基礎からのコンピュータグラフィックス | 向井 信彦 著 | 191頁 |
| 生活環境 データの統計的解析入門 | 藤井・清澄・篠原・古本 共著 | 146頁 |
| 統計ソフトRによる データ活用入門 | 村上・日野・山本・石田 共著 | 205頁 |
| 統計ソフトRによる 多次元データ処理入門 | 村上・日野・山本・石田 共著 | 265頁 |
| 新版 論理設計入門 | 相原・髙松・林田・髙橋 共著 | 146頁 |
| 情報処理技法の基礎 | 添田・柴田・田渕 共著 | 158頁 |
| ロボット・意識・心 | 武野 純一 著 | 158頁 |
| 熱応力 | 竹内著・野田増補 | 456頁 |
| 力学・波動 | 浅田・星野・中島・藤間 他著 | 236頁 |
| 技術系物理基礎 | 岩井 編著 巨海・森本 他著 | 321頁 |
| 初等熱力学・統計力学 | 竹内・三嶋・稲部 共著 | 124頁 |
| 基礎物性物理工学 | 石黒・竹内・冨田 共著 | 202頁 |
| 環境の化学 | 安藤・古田・瀬戸・秋山 共著 | 180頁 |
| 増補改訂 現代の化学 | 渡辺・松本・上原・寺嶋 共著 | 210頁 |
| 構造力学の基礎 | 竹間・樫山 共著 | 312頁 |
| 技術系数学基礎 | 岩井 善太 著 | 294頁 |
| 基礎から応用までのラプラス変換・フーリエ解析 | 森本・村上 共著 | 145頁 |
| Mathematicaと微分方程式 | 野原 勉 著 | 198頁 |
| 理系のための 数学リテラシー | 野原・矢作 共著 | 168頁 |
| 微分方程式通論 | 矢野 健太郎 著 | 408頁 |
| わかる代数学 | 秋山著・春日屋改訂 | 342頁 |
| わかる三角法 | 秋山著・春日屋改訂 | 268頁 |
| わかる幾何学 | 秋山著・春日屋改訂 | 388頁 |
| わかる立体幾何学 | 秋山著・春日屋改訂 | 294頁 |
| 解析幾何早わかり | 秋山著・春日屋改訂 | 278頁 |
| 微分積分早わかり | 秋山著・春日屋改訂 | 208頁 |
| 微分方程式早わかり | 春日屋 伸昌 著 | 136頁 |
| わかる微分学 | 秋山著・春日屋改訂 | 410頁 |
| わかる積分学 | 秋山著・春日屋改訂 | 310頁 |
| わかる常微分方程式 | 春日屋 伸昌 著 | 356頁 |